知识生产的原创基地

BASE FOR ORIGINAL CREATIVE CONTENT

颉腾文化

JIE TENG CULTURE

全部生命系列

短路

心灵的科学

[美] 杨定一 / 著

Shorted

Science of Spirituality

图书在版编目（CIP）数据

短路：心灵的科学 /（美）杨定一著 . -- 北京：华龄出版社，2021.7

ISBN 978-7-5169-2007-7

Ⅰ . ①短… Ⅱ . ①杨… Ⅲ . ①心灵学—通俗读物 Ⅳ . ① B846-49

中国版本图书馆 CIP 数据核字 (2021) 第 184157 号

北京市版权局著作权合同登记号　图字：01-2021-2840 号

策划编辑　颉腾文化　　**责任印制**　李未圻

责任编辑　董　巍　郑建军　　**封面设计**　卢峖嵘

书　　名　短路：心灵的科学

作　　者　[美] 杨定一　　**编　　者**　陈梦怡

出　　版
发　　行　华龄出版社 HUALING PRESS

社　　址　北京市东城区安定门外大街甲 57 号　　**邮　　编**　100011

发　　行　（010）58122255　　**传　　真**　（010）84049572

承　　印　三河市中晟雅豪印务有限公司

版　　次　2022 年 1 月第 1 版　　**印　　次**　2022 年 9 月第 3 次印刷

规　　格　640mm × 910mm　　**开　　本**　1/16

印　　张　10.5　　**字　　数**　136 千字

书　　号　978-7-5169-2007-7

定　　价　59.00 元

序

假如你跟我一起走到这里，除了读“全部生命系列”的书籍，也接触了许多影音的素材，包括读书会和音频作品，并且还愿意继续走下去……我相信，你已经有了一个相当稳固的基础，甚至可能已经踏上一条不会回头的路，希望这一生能在这方面告一个段落。

在哪一方面告一个段落？

我指的是——把自己找回来，彻底了解“我到底是谁”“我怎么来的”“生命怎么来的”“一切怎么来的”“一切，又可能往哪里去”。

我也相信，你已经认同这个主题比在人间要面对的问题甚至任何可以想象的问题都更为重大，而且是远远大到不成比例。只是，你偶尔还是会被人间带走、被头脑带走。但是，只要冷静下来，你还是会想回到这个主题，最多是需要有人不断为你做个提醒、帮你扎根。

也许，如果我这一生还有一个目的或任务的话，最多也只是扮演这个角色——就像拿着榔头不停地敲打，不断地提醒你、提醒我，甚或刺激你、刺激我，让我们共同反省。

这本书的书名“短路”很有意思。有一天，我在解释为什么会写《插对头》这本书时，突然体会到“插对头”还不足以表达我真正想说的。说“插对头”，好像还在很温和地为我们自己做一个准备，好跟生命的全部或一体接轨，所以“插对头”也含有“接对头”的意思，带有“对准”“接轨”的味道。也在表达，一体最多是等着我们接受它，让它自然可以浮出来。

虽然这种表达是正确的，但是，我也自然发现，这种表达方式最多是在强调过程的机制，而没有反映“结果”——在人间会有什么变化？我们的身体或感受在插对头之后有没有什么大的变化？讲得更透明一些，如果随时让一体浮出来，对我们的身心可能产生什么作用？

从这个角度来看，我自然会选择更强烈的用词，才能准确而妥当地描述这个足以翻天覆地甚或天崩地裂的过程，因为这样的转变会比人类演化亿万年来所累积的变化还大。

然而，你可能还不相信。

我在这本书里也必须从抽象转回具体的层次，可能还需要借用科学的框架来表达得更清晰。

对一般人来说，短路指的是一个设备被很大的电流流过而烧坏了。没错，我选择《短路》作为本书书名，也就是希望表达这种强烈的生命流流过我们有限身心的过程，而这个过程的作用是不可逆的——让一体流过，我们自然也就脱胎换骨，让这一生全面而彻底地改变。

然而，和一般短路不同的是，一体所带来的短路完全是正向的。我本来也可以用“恩典”（Grace）来表达这本书要谈的“短路”，毕竟这些变化不是我们刻意追求得来的，而是一个人准备得刚刚好，跟宇宙插对头或接对头而发生的。只是，我担心对一般的朋友，用这个词反而把它的力道淡化，而反映不出它的作用可以大到什么程度。

这么说，连用“短路”的比喻，其实还是太低估了这一作用。

目 录

01
什么是短路

我们每一个人都知道，要让电流通到设备开始工作，一定要有一个电位的差异，才可以从外面的电力网充电，得到电流而运行。

外面的电力网和设备之间的电位差，一般称为电压。电压经过线路而得到的电流，可以用来驱动设备。不同的设备，驱动所需要的电流量是不同的。举例来说，手机运作所需要的电流和电视运作所需要的电流相比可能小得多。然而，电子从压力高处向低处流动，依照所经过的物质的特性，会有不同程度的阻碍。这个阻碍也就是电阻，它限制了电的流动。

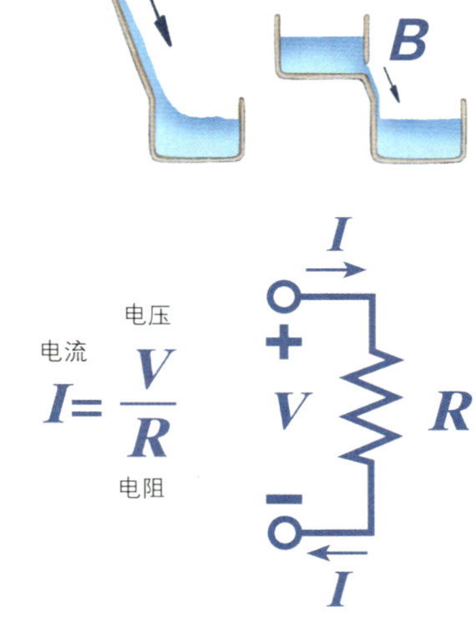

电流、电压和电阻各自用 I、V 和 R 来表示，它们之间的关系可以写成 $I = V/R$ 这样的公式。这个公式，无论设备大小都适用，就连到细胞那么小还是适用。

细胞一样有电压、电阻和电流。电压的产生需要一个隔离才有电位的差异可谈，以细胞来说，分隔细胞内外的细胞膜就是这个隔离。细胞膜产生电阻，让细胞内外有一个电位差，而这里的电流则是通过带正负电极的电解质（例如带电的钠、钾、氯离子）流动而产生。从物理的角度，自然想恢复电性的平衡，好把电位差消除。所以无论钠、钾还是氯离子，本来就会从高电位往低电位移动。

不过，就像下面这张图所画的，细胞膜上有一些分子可以帮助钠离子从胞外往胞内移动，也可以帮助胞内的钾离子往外流，通过各种方法继续维持胞内和胞外有一定的电位差。

神经细胞就是靠这样的原理来维持它传递信息所需要的特性，而不像一般的电子设备只能往单一方向流动。可以这么说，细胞比任何人造的电子设备都“聪明”多了。

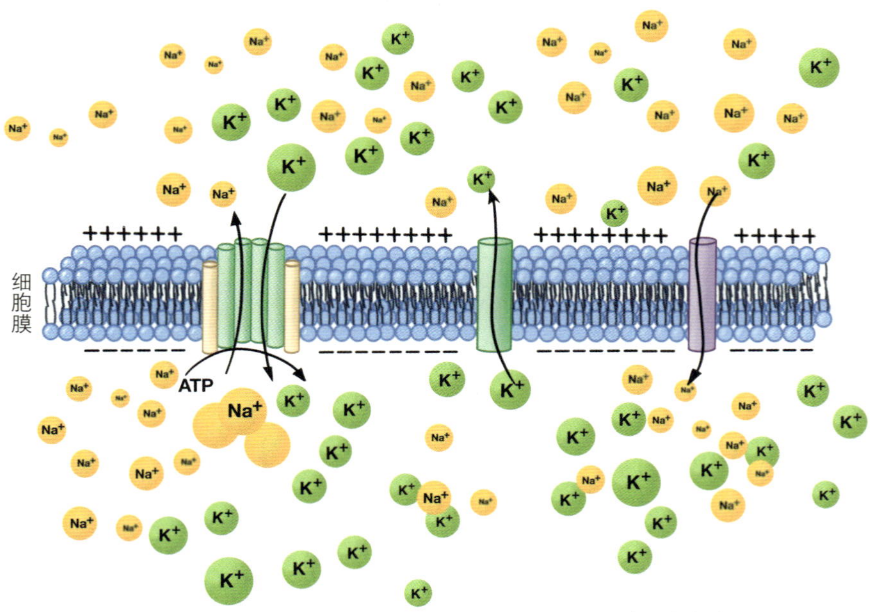

注：K^+=钾离子，Na^+=钠离子

回到 $I = V/R$，我们还可以再进一步往下推。假如 R 很小，甚至小到几乎接近零，就会产生一个很有趣的现象：我们在中学就学过实数的计算，如果 1 除以 0 或是任何数字除以 0 是无意义的，但是当除数趋近于 0 而不等于 0 时，$1/\lim_{R \to 0} R$ 自然变成无限大。无限大是没办法用数字表达的，我们就用符号∞来代表。

假如电阻 R 非常趋近于 0，那么电压除以电阻所得到的电流 I 也就变成无限大。只是，任何一个设备不可能允许电流量大到无限大，到最后所产生的热甚至会把设备烧掉。这个现象称为短路。短路时，过量的电流有时会窜到大气中，我们也就会看到原本不导电的气体瞬间放电所产生的火花。

短路，每个人在生活中几乎都遇到过，不是手机，就是电视或是计算机不小心被烧掉了。会有短路，也就是突然爆量的电流超过了设备的负荷。

短路的情况，不外乎是电压太大或电阻太小。有时候，是电压突然升高，使得电流突然大增，但是，更多时候是因为出现了一个更短的小回路，让本来要经过整个设备去消解的电压直接经过这个短的回路，而跳过了整个设备，这样一来等于电阻很小甚至没有，于是也就短路了。

台风天，外面的电线也会因为树倒或风速过大，让两条本来分开的电线接了起来而造成短路，严重时甚至会造成整个地区大停电。讲到这里，也许你小时候也不小心触过电。触电，也就是遇到很大的电压，让电流通过了身体。我们的身体有电阻，电流通过会让组织发热，会让我们感觉到刺痛。如果是很大的电流，还会让我们全身发麻，甚至严重灼伤，也会干扰身体神经控制的功能。

那么，站在电线上的小鸟为什么活得好好的，还能快乐地歌唱？难道电流不会经过它吗？懂了电的运作原理后，就会知道因为鸟的两只脚都站在同一条电线上。如果一只鸟将两脚分开，站在两条不同的电线上，而电线绝缘层的效果也不够的话，那么，过大的电压就会产生很大的电流，并在这只小鸟身上瞬间通过，产生很高的温度，鸟也就被烤焦了。

再举一个例子，雨天开车时，如果车子被雷击中，可能还可以继续前行，而人在里头不见得会有事。这是因为大部分的电流沿着金属的车壳表面流走了。但是，如果雷击中车时，人站在车旁，既触碰到了车子，而且脚是湿的，这么一来就造成了一个回路得以让电流通过。如果电流很大，这个人也就被电死了。

当然，我们平时更容易遇到的是静电。比如在干燥的冬天，我们穿着容易蓄积电荷材质的毛衣，手碰到金属的门把，甚至碰触到别人，会突然“啪”地一下被电到，有时甚至可以看到小小的火花。这种情况下，其实只要加大接触面积，比如用整个手臂去推门或触碰，就可以避免这种局部的放电带来的刺激。

这些原理，做设备的人都懂。所以在工作的过程中，除了想办法消除静电，减少火灾或爆炸的可能，也要避免产生过大的电流而造成危险。

我在这本书里要探讨的并不是电的现象，而是想借用这里所谈的“电压”来表达一体或生命最原始的潜能，同时用“电流”来比喻意识的流或生命的力量，这股力量落在身体的层面也可以称为“气”。站在意识的角度，“电阻”是我们的头脑；站在气的层面，代表的是身体。头脑本身是阻碍，而我们有这个身体的架构，虽然可以让气透过经络流过去，但它本身还是头脑的产物，也还是阻碍。所以，在这本书中，“短路”是用来比喻无限大的一体或全部的潜能借由一个巨大的流或生命的力量，突然通过我们的架构——我们局限的头脑和身心。

我在《神圣的你》中也用过下面这张图来表达——生命的流比什么都大，是我们怎么挡也挡不住的，最多有些局部的波浪。然而，我在这里谈“短路”，并不是说真的有什么一体想经过我们。全部的潜能本来没有要通到哪里，只是头脑好像投射出了一个阻碍在那里，才好像有一个流需要通过去消除它自己。

我在这里借用的电路原理，最多也只是作为比喻。不过，你自然会发现，很多观念其实是相通的。

可以说，头脑和身心带来一个表面上的阻碍，然而这个阻碍早晚会被吞没。也就是说，生命的流早晚会流通，而且是没有阻碍的流通。

短路到最后，是这个一体来流通它自己。流到哪里？最多也只是打通。一切本来都是平等的、没有差异的，也没有从哪里流到哪里。到最后只是融入了一体，再也没有什么阻碍，自然会发现一切本来就是平等的。

这种平等，本身就是我们的本性，也就是我过去所谈的“大平等心”。

02

生命的梯度

前面讲到电压、电流、电阻以及短路的概念，还少了一个更基础的观念，叫作梯度（gradient），也就是差异。这种差异，科学家通常称为位能差（potential），也就是累积出来的潜能。

或许，换个说法会比较容易想象：能量的高低分布就像颜色由深到浅的渐次变化一样，然而，从物理的角度，任何东西在一个空间累积下来都会朝着均匀分布的方向去发展，不希望累积出一个差异。

无论这个东西是电、水、风、热、压力，还是任何其他的力量都一样，包括潜能、位能也是一样的。

无限大的潜能也就是“空”，我们可以说“空”或一体——永恒、绝对、无限，包含最大的位能差，它才可以流出一切，也就是全部的可能，包括意识、物质。

将差异摊平，也就是热力学第二定律：能量会从高往低移动，最后达到一个平衡。一个有秩序的架构早晚也会散掉，这就是熵达到最大。

生命体这种有组织的架构，表面看来是一个“反热力学”的存在。其实，就像下页图的左边所画的，生命体透过一个个独立的隔间

（compartmentalization）守住能量。直到老化，甚至死亡，这种能量和秩序局部集中的现象才会解散，并重新跟外围恢复平衡。

我们也可以换一种比喻，把生命当作一个流（current）。要指出这个流的方向，时间是最好的指针。我们从出生起不断累积生命能的梯度，直到差异达到了巅峰，接下来经过成年和老化，所累积的位能差慢慢衰退，直到死亡，又重新和环境达到平衡。

这些观念，还比较容易理解。站在物质的层面，只要我们观察眼前的任何物质，无论是一堆沙还是任何的架构，自然可以理解梯度摊平的观念。也就是说，透过时间，一切会从差异回到均衡。比如沙丘，如果我们没有特意去维持，自然会变得平坦。一个架构也会慢慢崩解而回到背景，不再突出。

梯度离不开力量，而力量是通过动来表达的。梯度可以说是引导力量，让我们建立分散的方向。

回头来谈生命，我们一般会认为基因是生命最原始的蓝图，以为是基因在引导生命，带出生命演变发育的方向。我却借由“全部生命系列”不断提醒：光是在物质的层面，无论 DNA 还是遗传都无法完全解释生命，

尤其是意识。

这个谜，其实是相当容易解开的。也就是说，意识有两个不同的层面。我过去会分别用相对和绝对来描述这两个层面，但我们一般认识的意识最多只是相对的意识。

站在数学的角度，“相对”这个词含有一种比较、分别、区别的意思，然而就连相对的意识都不只是神经细胞作用的总和，而是在所有物质层面还没出现之前就有的一个力量。

当然，用“力量”来描述其实也不对。我们最多只能说它是一个位能或潜能，是一个意识的流，透过神经的作用自然产生念头，而念头自然产生动作或其他的表现。也就是说，连意识都带着一种梯度的观念。

我时常提醒，光从物质的层面没办法解释我们的生命。有这个生命，表面看来是违反热力学第二定律的。前面提到熵的概念，也就是能量自然由比较多的地方往比较少的地方扩散分布。然而，生命反而是负熵（反乱度）的现象。也就是能量要从比较稀薄的环境浓缩到一个局部，才有生命的组织。这点矛盾，只有透过意识的潜能（再加上它带来的流）所产生的作用，才能让生命的过程得到一个在热力学上合理的解释。

再进一步说，只有把意识层面纳入考虑，生命才不会违反热力学第二定律。

其实，从一体来说，本来什么都没有违反，全部都是平等的，只是从一个能量状态转到另一个能量状态。然而，我们看不到这些状态，所以过去都把注意力集中在物质的层面，并归纳出生命自然会生、老、病、死，进而认为人生是无常的。但是，站在整体，生命当然是永恒的，最多只是从一个微细的层面转到粗糙的物质层面，且有表面上的变化。

我们一般人就算承认有一个像意识这样的更高的蓝图，通常也不会去追究意识是怎么来的，不会去想这个蓝图是怎么产生的。我才借由“全部生命系列”那么多篇幅来表达意识有两个轨道：其中一个是前面提到的，我们人间——相对、局限、比较、分别、逻辑、理性化的轨道。这个轨道一定要有一个观察点，也需要一个观察的过程，而被观察的两个点其实是通过第三个角色（观察者）才让我们可以得到一个意义。

我们再仔细观察，人间可以观察到的全部，其实都离不开力量和动，比较难观察到的是意识（我指的是人间用到的意识）——念头加上语言和“动”的关系。假如没有动，没有这个力量，其实也就没有人间的意识可谈。假如没有这个意识的梯度，人生也就没有什么意义可以取得。

这就是动物和人共同采用的逻辑。而人类的不同在于可以有更完整的记忆，以及接下来更完整的读取和链接的功能。也就是说，人类可以建立相当完整的时空观念，而动物的时空观念还很浅、很原始。

小我也就是这么来的：神经系统不断建立一个观察的中心，也就是观察的出发点，而这个出发点就是任何观察结果的源头。我们自然得到一个印象，好像有一个小我在观察，在活这个生命。也就是这样，小我不光成形，还好像有一个独立的生命，而我们所谓的生命或人生其实是小我在体验意识的流。

意识除了有这个相对的轨道，同时还有一个绝对的轨道。这个绝对的轨道——在、心、一体、永恒、无限、佛性——是相对意识所从生的因地。如果没有绝对，也就没有相对。

绝对本来就存在，不需要借助任何“动”或过程来成立，更不需要透过任何参考点来取得。我们最多只能说它是自足的一个观念——本来就有，接下来还是会有，永远都会有。

至于有什么，是我们讲不下去的。只要一讲，就把它变成了一个人间相对的观念，也就这么把整体化成了小小的个体。

站在相对或小我，永远没办法体会到绝对的轨道。它所采用的观察工具（五官再加上“想”的联结）自然需要把整体或观察的对象切割成片段，才能让它观察到信息。这样，它所得到的片段和信息也就不能成为绝对了。

表面看来，好像两个意识轨道是相斥的，有矛盾。我在前面也提过，相对永远跳不到绝对、理解不了绝对。我们透过相对的工具永远觉察不到绝对，这一点是头脑最难懂的。

因为难懂，人类自然产生一个概念叫修行，非要刻意用头脑去理解绝对，而一般人会把这种理解称为领悟。我过去不断表达，在相对的身心（我们的肉体加上心理），这一生永远不可能领悟到绝对或一体。

透过肉体开悟，本身就是一个大妄想。

虽然如此，千万年来我们每个人还是误导自己，以为只要寻、只要找、只要求、只要修，我们心中有个东西——绝对的轨道、在、心、一体、永恒、无限、佛性——还是可以找到的。

我写“全部生命系列”最多也只是要强调——虽然相对不可能理解绝对，但只要把相对挪开，绝对就会自然浮出来，甚至可以占领相对。在绝对的角度来看，相对其实并不存在。

我们最多是退一万步，换个方法来表达这个不存在：相对所占的比例，连一眨眼都不到。我们就算活一百年，在绝对来看也不成比例，最多只是一个暂时的现象。人的生命就像草丛深处忽明忽暗的萤火虫，只是生命亮起来的时间远远短于不亮的时间。

反过来，假如相对才是真实的存在，也就是它可以自足，可以包括一切，那么我也不敢写“全部生命系列”，还进一步提出是由一体来活出相对的“反复工程”，甚至认为对人类而言有个东西叫醒觉，而醒觉是全部的一体来活出相对，而不是从相对的身心去找一体。

所以，一切是颠倒的。

一体本来就存在，只是相对不知道，才会让我们浪费那么多的精力和时间，不只这一生，而是一次又一次……

从我个人的体验，小我其实不存在，最多只是神经建立的作用。只是这个作用让人感觉相当坚实，也就建立了一个坚实的“我”。

然而，正因它不存在，我才敢讲，其实没有一个“我”可以去根除，甚至也不需要根除。

不光不需要根除，甚至不需要去克服。我才说醒觉是一个“在”的观念，而不是从“做”或“动”而来。

不过，人间一切的语言或表达依然离不开“做”和“动”。我才会引用莎士比亚所说的 much ado about nothing（无事生非）——就好像我们不断地动，想找回一个本来就有的，哪怕这不需要找，也找不来。包括“全部生命系列”这么多字句到最后也一样，还是 much ado about nothing。写了好多，只是在表达一个本来不需要表达，也表达不来的意思。

我才会用这句话来汇总——

醒觉，是让你我回到本来就在的家，最多只是需要移开本来就不存在的阻碍。

这个双重悖论用脑很难懂，但是在心的层面完全可以理解。

我会这么说，是因为人类随时有两个意识轨道：头脑（包括身体）代表相对的意识，而心是代表绝对的部分。所以，头脑听不懂的，心可以完全理解。

但心懂什么？

我们是讲不下去的。毕竟可以讲出来的又落回头脑的层面，接下来也就产生悖论。

回到意识流的观念，其实是心带着我们走，只是我们不知道或者忘记了。这种从心所产生的生命的位能，可以称为心流或生命流。这个流不断流出来，从身心流到人间。

倘若不是如此，就没有生命，更没有意识可谈。

所以，用前面电流的比喻，我在这里想谈的是——假如这个肉体（我们所谓的身心）的阻碍愈来愈小，又同时受到心或生命流的短路，会产生什么现象?

03

意识——生命螺旋场的根源

站在“全部生命系列”，我想表达的是——事实，跟我们人间所看到、体会到的完全是颠倒的。包括生命流的方向，跟一般人想的也都相反：它是从心内流到心外、从绝对流到相对，而不是从外流到内。

这一点，我相信鲜有人观察到。

还有另外一个现象，我认为相当有趣：假如我们承认一切都是从心流出来的，包括生命、意识，那么这个流可能长什么样子？

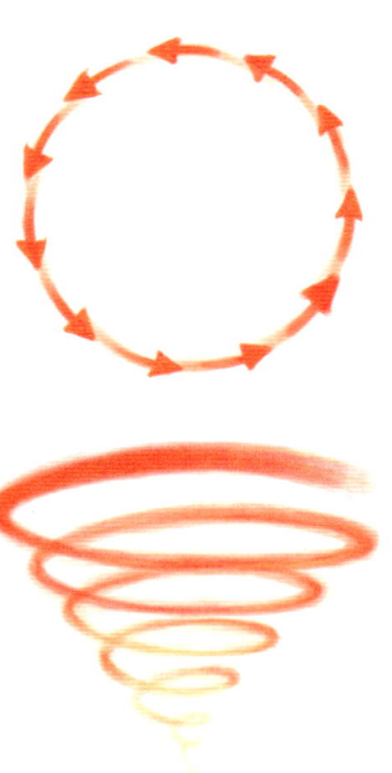

它其实是一个螺旋。最有意思的是，螺旋是一种阻力最小的运动路径（path of the least resistance）。如果这个运动不是螺旋，而是走圆的路径，那它必须不断地克服向内的惯性，才能维持正圆的轨迹。然而，向内的螺旋运动并不需要克服这个惯性，它带的角度可以完全转化成动能和速度，循着螺旋的轨迹向中心移动。运动愈来愈向内集中，速度愈来愈快，这是螺旋运动最重要的特质之一。

我一般也用螺旋的轨迹来谈演化——描述人类不断重复同样的机制，但抵达不同的点，而这个不同的点也许更高或更低。假如这个演化不是螺旋，而是走圆形的路径，那么人类最多只可能一再回到同一个点，而不可能有什么进步或退步可谈。

换个方式来说，人类的演化从“没有”到“有”就像一个颠倒的螺旋，是透过速度慢下来才有的物质。我们仔细观察就会发现，自然的物质和现象都是透过螺旋的轨迹而成立的。从遥远银河系的大星云、超新星的爆发、台风、旋涡、矿石的沉积纹理、咖啡泡沫上的花样、螺贝、羊角、蜗牛，到生物体内的 DNA 和蛋白质分子……样样都离不开螺旋。

再说清楚一点，从心往外流出来的生命流或意识流和向内集中的螺旋刚好相反，是从中心最快的速度（其实是超越速度的速度）一点点慢下来，慢到一种几乎快要停滞的速度，才会从意识凝结到物质。

然而走到最后，从物质要回到灵性、回到一体，方向只可能是颠倒的。有意思的是，人类认为的愈来愈发达，从一体的角度来说反而是愈来愈慢——愈来愈落到一种物质、分别的层面。也就是说，透过人类到目前的演化，等于是把全部的潜能落在物质面去呈现出一小部分，而这一小部分是不成比例的小，但我们在人间会把这一小部分称为“全部”的潜能。

一般人用“频率高低”来描述意识和物质的分别，这种表达其实并不精确。我会提到这一点，因为有很多朋友在分享时会谈频率，而且谈得好像意识的频率更高，而物质的频率比较低。但是，这种说法在物理方面并没有根据。

我们最多只能说，意识是一个场，而这个场充其量只能用螺旋的扭力和速度来表达。速度快到一个地步，会造出一个意外的奇点而超出正常的范围；反过来，速度慢，会逐渐凝结下来。

我们可以这么来形容——从物质层面到意识层面，螺旋的速度要提高。换句话说：绝对，当然是无限大的螺旋场，包括无限速度的自旋。这种高速度甚至是数字无法描述的，我们最多只能用无限的观念来表达。透过无限的观念，我们可以去投射，去逼近绝对。

接下来，用一个很简单的实例做另一种说明。

以前，我喜欢带小孩做实验来解释生命的过程和意外的奇点，去推敲为什么自然界会突然涌现各种神秘的力量。

最简单的实验是：拔开水槽的塞子，观察水顺着螺旋方向不断流掉。水顺着螺旋打转，阻力减少，速度会不断增快，在螺旋运动的中心，水的速度甚至会接近无限大。

很有趣，从一开始的有限速度，怎么一路达到无限大？

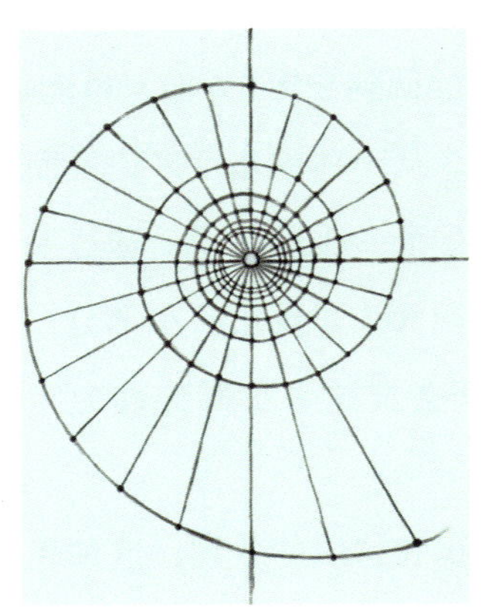

螺旋运动愈接近核心，半径就愈小，转速也随之增加

我们可以这么推算下去：水体螺旋运动的转速是中心半径的反函数，只要螺旋运动继续向中心推进，半径就会不断变小，转速也会不断增加。当半径接近无限小时，转速就会接近无限大。更重要的是，水会因此而带有强大的能量。

前面提过，在有限的空间中不可能达到无限。然而，螺旋会产生一种奇点（singularity）。就好像透过这个奇点，眼前这个封闭的系统（水）就接触到了时空的边缘，几乎要跳到无限！

同时，极速螺旋运动的水分子内，氢和氧原子会各自往相反方向拉开，正负电部分分离而产生高的电位差，就像冷浆的离子化状态。

我曾经带着孩子用类似离心机的设备模拟大自然的螺旋运动，发现水体螺旋运动核心的电位差高达 25 000V。在很特殊的状况下，气体螺旋运动核心的电位差可以高达 200 000V。假如一个封闭系统就可以产生这么大的电位差，那么跳出这个时空的位能差会有多大？又能够产生多么不可思议的能量？

谈到这里，其实还含有另一个颠倒的观念。前面提过，我们只要观察，在人间处处都可以体会到螺旋的轨迹，就好像“绝对”想留下自己的脚印。也就是说，如果要产生物质，自然要透过螺旋的形状带出来。

所有物质都离不开意识的场，而意识场在人间可以被感知的也就是螺旋场。我才会不断地说，绝对和相对假如有一个共同的联结，最多只是一个螺旋场。既然物质本身是螺旋场组合的，那么从心很容易去带动，甚至影响物质界的每一个角落。它从来没有离开过，只是我们平常体会不到。

然而，并不是说心需要去发挥什么作用或力量，甚至不需要我过去称为“定”的功力。心，从来没有和物质分开过，本来就是两面一体。

最多，我们只是把“我”的阻碍降低。“我”愈强烈，就像前面提到的电阻愈强烈，通过的电流（在这里是生命流）也就愈小。如果“我”的阻力愈低，甚至低到几乎没有，那么，从绝对带出的心流，或说螺旋场的扭力，自然大到一个地步而造成“短路”。

其实，连“短路”这种表达都不正确。

它并不是一种特殊状态，而是我们的根本状态。

04

“我”是最大的电阻，也是生命流最大的阻碍

这个观念太重要了，我在这里想再从另一个角度来切入。

用“短路”来描述我们人接触一体或是心的过渡状态，其实是相当容易理解的。

在这个人间，无论具体的东西还是抽象的观念，都离不开相对和局限的架构。只要用语言可以表达，或用念头可以想出来的，也还是落在相对和局限的范围。

我在“全部生命系列”提到一体、全部、心、佛性、在、道、醒觉……全都是在试着表达一种绝对或永恒的观念。当然，既然可以用语言来表达，我所谈的绝对也还只是一个由相对延伸出来的观念。

基于语言的限制，我们不可能描述绝对，毕竟只要可以描述出来的东西都不是绝对。我们用语言最多只是逼近它，但不是它。

这，就是头脑最难理解的。

我们被自己沟通表达的工具——语言和念头限制了，透过这些工具而得到的任何产物一样离不开工具本身的限制，是在一个封闭的系统里运作。

然而，绝对，是在这个封闭系统外，甚至是在任何系统之外。

它本身是开放的、没有边界的。假如相对需要有坐标或指标来进行比较和对照，那么，绝对刚好相反，它不允许任何坐标来标定。

其实，没有任何坐标或指标可以作为绝对的比较或参考。坐标或指标，在绝对的范围里没有意义，只要在绝对的范围内得到一个意义，就已经把它圈入相对的范围，也就不成为绝对。所以，它不允许用语言、用话甚或念头来描述。

我们所能谈的绝对最多是逼近绝对，但不是绝对，就像用 $1/\lim_{R\to 0}R$ 或 $1/\lim_{R\to\infty}R$ 的数学表达描述小到趋近于零或大到无限大，让我们头脑去投射、去延伸本来没办法表达的观念。

我们看人间都是从“我”投射出来的，如果想要解开，最多是着手在“我”。“我”可以说是最大的阻碍，或前面所谈的电阻。在这里，或许你还记得我在《全部的你》用过这张图来表达：一个人的“我”愈小，生命的力量反而可以透过他整个亮出来。

一个人接对头或插对头，最多也只是把个人的阻碍（全部的观念、全部的价值、全部的制约、全部的束缚——“我”）挪开、降到最低或让它消失。假如相对所造出的阻碍（当作电阻）降到最低，而绝对的力量（或电流）还存在，那我们可以想象会起到多大的作用。

让它流过去一次，一个人就已经脱胎换骨而“见道”——发现人生有一种美，是过去从来没有想过的，而最多只能把它称为真实。接下来，自然会不断想回到它。

一个人随时可以把这个阻碍降到最小，绝对的一体自然可以在这个小小的体内造出彻底的短路，甚至把它“烧掉”，也就可以彻底把“我”取消。古人会用涅槃、寂灭、灭尽来表达，也有人讲 *sat-chit-ānanda*（在·觉·乐），或者说大欢喜、大爱、大平静。

然而，我要提醒的是——醒觉没有阶段可言，没有比较醒或比较不醒。

一个人要么是醒的，要么就是没有醒。这一点，和绝大多数修行者的看法都刚好相反。

但是，为什么还要再三强调？

因为，这个理解反映了相对和绝对、局限和无限、无常和永恒的根本差异——两者本来就在两个不同的意识轨道。

如果我们真正懂了，自然会明白不是透过时间甚或时空这个相对的领域，这个相对的身心就可以慢慢进入绝对的。

时空是头脑投射出来的产物，和身心一样都是相对的架构，而和绝对是站在两个不同的轨道。所以，这个转变只能是突然的转变。

然而，就连“突然”都是误导的形容。毕竟“突然”还是带有时间的观念。

如果要表达，我最多只能说——比突然更突然。

最有意思的是，绝对从来没有离开过，或可以说在每一个角落都在。所以，从相对到绝对，并没有一种演变或进展可谈，甚至没有一条路可以走到，没有一条路可以依循。

光是这一点理解，我观察了几十年，跟所有遇到过的修行者的想法都完全颠倒。

大家还停留在辩论有没有一体、有没有绝对。我听到这种辩论，只能说相当遗憾。毕竟，如果没有一体，也就没有相对。就是这么简单。

重点不是检讨它存不存在，而是我们可不可以活出它，随时体会到它。

从这个理解来看，我们就会发现一体、绝对、真实跟任何修行、练习都不相关。我才会借助那么多作品，包括这本书，用各式各样的语言和方法试着描述一个本来不需要描述的真实，但愿能让我们把它活出来。

然而，为什么所有修行者都认为有阶段可言？

这也是难免的。

还有阶段可言，是因为有肉体。肉体还没有完全“烧”掉，我们才有这些感受和体验，也才有一个练习，还有从“有”到“空”的层次。

但是，站在一体，这些层次都不存在。

只有它自己存在，没有其他。

我指的是真正的存在，也就是永恒，没有生，也没有死，没有变动的存在。

再怎么去演变，最后还是只剩下它自己。

讲得更透明一点，还没有任何演变前，只有它。接下来，演变后，还是只剩下它。

可以说，任何动、任何转变都跟它不相关，最多是在它上面重叠。

假如我们还需要把其他东西当作真实，最多只能说是它小的不成比例的一部分。层次、分段、任何东西对一体来说都小得不成比例，可以说是没有意义。

仔细观察，涅槃、寂灭、灭尽、*sat-chit-ānanda*（在·觉·乐）、大欢喜、大爱、大平静……这些属性其实就是绝对或一体的本质。只有透过这个身体和人间，它才可以反映出这些属性来。只有在相对的范围，这些属性才有意义。

站在绝对，这些观念、这些话根本不存在，本身没有意义。

绝对，本来就圆满，接下来还是圆满。

它没有必要动，也不想动，也没有什么动的动机。

一切只有它，它是一切，而一切都是它。

我们最多也只能讲它是圆满，它是宁静。

有没有插对头，有没有短路，它还是圆满，还是宁静。

而这一切，跟绝对还是不相关。

一体外，什么都没有。只是我们还认为有一个世界、有一个身体，也就还有件事“比较重要”——这些观念对这个身体、对这个世界，有没有什么作用?

我相信，读到这里，你会发现一切又是颠倒的。

我前面提到的在·觉·乐、涅槃，最多也只在反映一体透过我们的身体活出在人间还可以描述的特质。

“我”短路了，全部烧掉了。一体唯一留在我们身体的痕迹，也就是涅槃、寂灭、灭尽、在·觉·乐、大欢喜、大爱、大平静……

因为有这个体，我指的是身体或身心，所以还可以用这种语言表达。

但是，一个人假如透过短路随时停留在一体，那么也就没有“谁”受到短路，或可以短路到哪里。甚至，也没有涅槃、寂灭、灭尽、在·觉·乐、大欢喜、大爱、大平静可谈。

没有什么特质可谈、可感受的，甚至没有“动”、没有“做”、没有“去感受”。

最有意思的是，连“谁”在做、“谁”在动都跟着消失了。

“我”已经烧掉了，所以，也没有一个人在体验这些特质。我们最多只能说是这些特质在活出它自己，或是一体透过我们在反射。

反射什么？反射它自己。

突然间，我们变成了一面镜子，就像是一体透过这些喜乐的特质，在体会它自己。

透过我们这个身心，它随时可以完全体会到自己。

透过我们的身心，可以照见一切。

透过我们的身心，一体从绝对可以落回人间的相对，而让我们反映它、照亮它。

绝对，什么都不用做，也不在意“做”或“不做”。

但是，即使我们完全醒觉了，这个肉体还存在。它毕竟是过去种种阻碍或业力的组合，最多是我们现在懂了，而可以把这些阻碍降到最低。

绝对，最多只是透过这个身心流过去，把一个无限大的能量或潜能透过我们的身心集中在一个角落，也就是人间。

这个观念，跟一般人所想的又是完全颠倒的。

05 物质为主的世界

我相信，如果你一步步跟着“全部生命系列”做臣服和参，那么走到这里，你对这些话或许已经不会惊讶。但是，你可能还是会想知道：在这个过程中有没有具体的变化，无论在身心哪一个层面，可以当作一个路标？

其实，这也是这本书的用意——成为一个桥梁：绝对和相对、一体和人体、无色无形和有色有形、灵性和物质、“在”和“有”、“空”和“做”之间的桥梁。

过去无论在“全部生命系列”还是别的场合，我都不喜欢谈这个主题。最主要是担心误导，让你我走偏，而把一些物质的变化当作真实。但是，我偶尔会分享一些实例，主要有双重目的——

首先，我认为还是有必要为大家带来一种鼓励，让你我可以不断地往前走。我们活在这个世界，从出生到老死都不断地被洗脑，以至于任何事都需要摸到、看到、体会到才会认为是真的。有一个具体的变化可谈，当然可以帮助我们建立这个信心。

此外，身为科学家，我要很诚恳地强调这一点——我们所知道的科学，无论哪一个领域，都还是在一个很窄的范围内运作，而对整体没有任何全面的代表性。我也认为，真正的科学精神是打开心胸，拿自己做一个体验者，可能会发现还有一个完整的科学在等着我们找到它，只是这一套科学和人间目前已经有的科学一点都不相关。

在这之前，我们必须承认自己过去所学的都是“物质为主”（matter-only）的观念。然而，只用这样的观念来解释世界是不完整的。透过这种物质为主的观念，我们会认为要先有这个“体”，才有神经、脑，才延伸出来意识。也就是把意识当作物质的产物，而完全忽略绝对、一体的存在。

这是难免的。

毕竟我们用来认识这个世界的意识都是相对的意识，我们自然会觉得只有物质，没有别的东西。不光如此，我们自然会认为只有相对的意识存在，不光会认为没有什么绝对，就算有，也会认为绝对跟我们一点都不相关。

在相对的意识下，我们观察人的生老病死，在这之间活出来的生命，自然都离不开这个物质的身体。就连我们讲的身心合一，本身也还是在强调是物质的身和物质延伸出来的心要合一。

有这种看法是相当合理的，因为我们透过各种科学的领域发现身体有许多不可思议的机制，像是人体可以区分成一个个不同的系统，每个系统之下有不同的器官，器官又由不同的组织组成，每一种组织有它特殊的细胞，细胞里又有各式各样的成分，每个成分都有它的功能和角色。透过这些化学的分子，包括荷尔蒙、神经传导物质，可以在细胞之间进行沟通，甚至把神经和其他组织的作用连起来。所以，这个世界自然会认为现在是物质的时代、化学的时代、分子的时代，而且认为透过物质的科学，一切都可以得到解释。

同类疗法的兴衰也就反映了这种思想的变化。

其实，在西方，同类疗法才是主导了几千年的主流医学，反而现代西医熟知的对症疗法只是近百年的产物。

同类疗法强调疗愈的过程，要让症状出来。这也就是好转反应。症状的浮现顺序在时空有一个方向，例如在空间是由体内往体外、由上向下；在时间是由最近往过去发生。我也常说好转反应将病程回转，就像让录音带倒带，这样一个人才会彻底疗愈。

然而，对症疗法则是强调将疾病的症状去除，认为这就代表去除了病因。不用我多说，大家都知道对症疗法已经成为现代医学的主流，而医学近百年来的发展都在支持对症疗法的效益。无论面对的是细菌、病毒还是肿瘤，现代抗生素、化学药物或种种分子医学的发展，都认为症状消失就代表从根上处理掉病因。

有趣的是，全部身心的医学——也有人（包括我所谈的真原医）称为整体或整合医学，反而希望将这两大领域合并。合并的意思，最多也只是承认人是多层面的组合，虽然致病的因子很重要，但不能忽略我们本来就有的结构或体质。健康，一定要从这两个层面去着手。

毕竟，光是把疾病消除，并不等于一个人得到健康。倒是一个人培养健康的结构和体质，反而自然可以削弱疾病的影响。不光如此，我们还有一个心灵的层面，也可以说是念头、思考或意识的层面。这个心灵的层面要健康，肉体才会跟着健康。

这么说，这两大领域其实也没有什么矛盾，有矛盾的是我们，是我们非要坚持哪一个道理不可，才会造出这些不需要的矛盾。

我之前在《四大的瑜伽》中提过这些道理，在这里，我会再次特别强调，是要表达——没有任何一套偏颇的说法可以长期存续下去。宇宙本来是圆满的，不管怎么解释，它都是圆满的。只是我们的解释向某一个角落偏倚，而自己失去了圆满。所以，物质为主的观念并不完全正确。整体当然还有意识的层面，而且是在物质之前就存在。

这些道理是根本的常识，即使再过几千年，还是会存在。

可惜的是，物质为主的观念就像一面镜子，反映出西方这一两百年的发展方向跟人类过去上万年的理解不光是不一样，甚至是开倒车。透过种种的发展，从粗糙到精细，甚至发展出分子、原子、粒子的科学，我们也自然认为分子或物质的作用可以解释一切，也不知不觉就认为意识或灵性的层面是含在物质里或是从物质衍生出来的。

很自然地，现代人几乎全部成了无神论者——无不主张物质为主的观点，同时把科学变成了个人的宗教。

不过，这里也要提醒，我所谈的物质和意识跟一般人的定义并不一样。这一点，在接下来的例子中会说得更清楚。

过去几千年来，各种宗教或灵性的门派都在强调，生命还有另外一个层面是同时存在的，而这个层面最多只能称为灵性，并不像物质那么沉重，而是在一个别的境界，不是我们人可以看到或体会到的。

然而，我在"全部生命系列"（包括这本书）中想表达的是，从我个人的体验，这些说法其实也不完全正确。尤其新时代（New Age）等领域所称的灵性，还是一样离不开物质，离不开我所说的——头脑的产物（mind-stuff）。

其实，只要我们可以体会到，可以用语言或念头描述的都还是物质，都还是外在，包括一般所称的意识——无论多么微细、多么高超，还是我们认为多么真实，都还只是头脑的产物，一样离不开物质。物质本身，还是头脑的产物。

我在这里所表达的，跟你过去读到的灵性论述最大的不同在于——对这个世界，我更彻底地采用物质为主的观念。

在这里，我们可以更大胆地进一步往前推——包括宇宙、包括世界、包括人间所看和所体验的都离不开我们的头脑，都还只是头脑的产物，从这个角度来看，最多也只是物质。

这么说，任何人类可以谈的领域，无论是练习、修行、瑜伽、新时代热衷的脉轮转变，还是天使、地狱、天堂……全部都是人制造的，离不开五官加上念头的组合，离不开头脑的投射。

我在“全部生命系列”中的主张，跟过去主流的说法最大的差别在于——将全部这些都划入相对的层面，它们一样是相对的比较、相对的观念、相对的分别。

我们一般人通常不知道，还有另外一个层面不能用任何相对的工具来衡量或描述，这本身就是绝对、一体、心、在、空、佛性、永恒、无限，而我在作品中简单地称为一体意识（One Consciousness）。

这一部分随时都存在。如果没有它，就没有相对的层面，也没有我们所称的生命。这个意识本身是无所不在、无所不能、无所不知的，是从来没有生过、没有死过、没有变过的真实。但是，因为我们的逻辑本身是相对的架构，我们也就自然地随时忽略它，把它忘记。

虽然我们随时忽略它，但在内心某一个层面其实知道它存在，更有意思的是还会随时想把它找回来。人类的文明无论怎么发展、怎么演变，最终的目标始终是想把这个绝对的部分找回来。

假如你读到这里感觉不那么矛盾了，自然会发现你意识的焦点已经在移动，从一个局限的范围可以不费力地体会到什么是绝对，甚至停留在绝对。

停留多久，都不重要。

比较重要的是，你已经知道这个层面确实存在，而这一生最大的任务是随时把它找回来。

这样，我才可以接着进入“短路”，通过这本书建立绝对和相对的桥梁。这本书对你才会有意义，也才会有帮助。

06
打开头脑

一个人只要体会到什么叫作绝对，便知道生命有更深的层面在等着自己，光是这么简单的肯定已经足以带来巨大的作用。

从身体的角度来说，转变最明显的部位，也就是头脑或神经的系统。

一般人都知道，在大多数情况下，大部分的脑可以说都在休眠。我们日常的运作是通过脑的回路进行的，只要建立了规律的习惯，也就日复一日地运作下去。举例来说，大多数人会固定在早上几点醒来，朝左边或右边翻身起床，先穿上衣再穿裤子，先刷牙再洗脸，去哪里买咖啡或根本不喝咖啡，走哪一个转角，经过哪一条巷子，从哪一个出口上楼或下楼，到公司先看信件还是先处理别的事，下班从哪一个地铁站回家，到哪一站下车，路上顺便买点什么，到家了先拿出手机去充电，晚餐吃或不吃，饭后散步或不散步，打电话给家人或看看手机里的信息，睡前是发呆还是非要把所有事都处理完了才去睡……每一天，就像依照事先写好的程序在运作。

因为全通过现有的回路在运作，所以我们很少会去思考，这些只是我们通过一再重复不断地强化某几个回路而建立起来的习惯。脑会这么运作，也就让我们可以把注意力摆在新的体验上，包括环境突然的变化，让我们可以应对。

不光如此，种种习惯和体验，通常也经由我们的感受来强化。你也许还记得，在体内引发感受所用的一些分子就是一个桥梁，衔接神经跟每一个部位的细胞，加快神经传导的效率。此外，感受本身也一样强化现有的回路。我们对好的经验自然特别珍惜，对不好的经验、失落也会有特别强烈的反应。我们不知不觉停留在这些特别的感受上，就像固着在同一个神经回路，有时候甚至到了完全忽略环境变化的地步。

念头、感受再加上全部肌肉的动作所造出来的习惯，加起来不过占用头脑资源的 10% 不到（就算进行很复杂的任务，也用不到 20%），却等于是固定了我们人生的经过，让我们随时感觉人生离不开这些范围，全落在这些习惯所带来的框架里。

不光如此，我们头脑还可以大致分成左脑和右脑。左脑偏理性、逻辑、语言；右脑是艺术脑，离不开整体、能量、感受。对于只偏重左脑或右脑的人来说，可运用的范围又更小了。一般人的运作更是只落在某种特定的人格，也就是某些特质的组合。我在《神圣的你》中介绍过从荣格理论发展出来的 16 种人格，就我的观察来说是相当有代表性的。这么说，我们头脑运作和行为选择的范围真的没有我们想象的那么宽广。

然而，一个人只要可以接受有一个东西叫作一体、有一个东西叫作绝对而投入臣服和参，就会发现——头脑各部位的划分和区隔会先打破。

左脑的朋友原本用的是一步一步推演的逻辑，从一点到下一点，慢慢推出一个结论；右脑的朋友则总是发现结论老早在那里，最多是通过左脑的逻辑事后去佐证。但对它，这两种方式好像也没有矛盾，就好像在脑部达到一个均衡，自然化掉里面比较明显的区隔。

本来一个人是偏逻辑或理性的（也就是偏左脑思考），他会发现突然可以体会到能量，也会发现自己有很多直觉、很多灵感，只是过去用左脑把它压住了。他通过这种意识焦点的转变，发现在灵感的层面可以成长。反过来，原本比较右脑化的朋友会突然发现对数字、语言、种种具体的层面不再带着恐惧，而发现理性其实变成了一个很好用的工具。

就这么简单的调整，一个人自然会发现脑部可用的区域好像扩大了，而这种扩大不光是因为使用的部位加倍而倍增，甚至可能是几十倍的提升。

假如我们把头脑当作工具来看，能选择的工具不只是左脑加上右脑的倍增而已，而是左脑的种种回路和右脑的种种回路可以一一搭配，创出各式各样的组合。这个道理是相当易懂的，如果左脑的朋友让右脑也活起来，他可以选择不成比例的增加。

还有一个运作的机制，我前面提过，许多脑的部位是处于休眠状态的。即使是惯用左脑的朋友，左脑里还是有许多部位是不运作的。惯用右脑的朋友也一样，不要说没有用到左脑，就连右脑大部分也没有用过。真正用到的，也只是右脑的很小一部分。如果让这些休眠的部位都活起来，就像我过去常举电影《超体》里女主角 Lucy 的例子，可以将脑部的潜能全部打开。

然而我在这里所讲的潜能开发，并不是像电影里依赖“CPH4”这种化学药物或其他外在的刺激，而最多只是意识的转变。

光是意识的扩大（expansion of consciousness）就会带来那么多的作用。意识扩大本身是“无所不在”的观念，让我们的注意力不完全集中在一个角落或眼前的某一个点。

和一般人想的不一样的是，随时放过眼前任何体验，我们才可以不知不觉把意识交回到整体——我也称之为一体，而透过整体或一体看人间。只有这样，我们才会突然体会到意识其实是一个谱，而且我们竟然有本事掌控整个意识谱，接下来自然把自己交给生命的全部潜能，而不会让一个狭窄的范围把我们带走。

有意思的是，意识扩大的这种活跃，我最多只能说是惊人的。

当然，从一般人的角度，可能会认为是变得奇怪了，或变成某个领域的天才。但是，我这里所指的，远远超过一般人所认定的奇怪或不奇怪、天才或不天才的范围。

一个人会突然发现可以化出、想到、理解任何知识，甚至是书上找不到的知识。他无所不知，然而这些知识对他全都不重要。

他会同时发现，这个头脑的架构本身不足以支持他全部的意识，他也就自然扩大出来，哪里都可以在，无所不在。他又同时知道哪里都去不了，他同时在各地，而没有一个地方比这里、现在更有吸引力。

接下来，他也没有想要完成什么、想要得到什么。他已经满足了。他可以活出来的潜能也老早就已经活出来，因为没有一个人间的可能对他重要。他无所不能，但他还是轻轻松松选择什么能力都不重视、什么角色都不去扮演、什么目标都不想追求。

他完全是满足的，这个世界可以给的，没有一点一滴是他认为需要或重要的。甚至，人间所归纳的奇怪不奇怪、开悟不开悟、天才不天才，对他一点都不重要，都不相关。

回到脑的运作，他会突然发现，过去的回路全部可以打破。

也只有这样，他才可以随时活在瞬间。每个瞬间都是新鲜的，都像第一次活出来。没有任何脚本可以把他束缚住。

假如我们用人间的角色去看，绝对猜不透他的行为，因为他不会，也不需要符合任何他人心里的制约甚至原则。

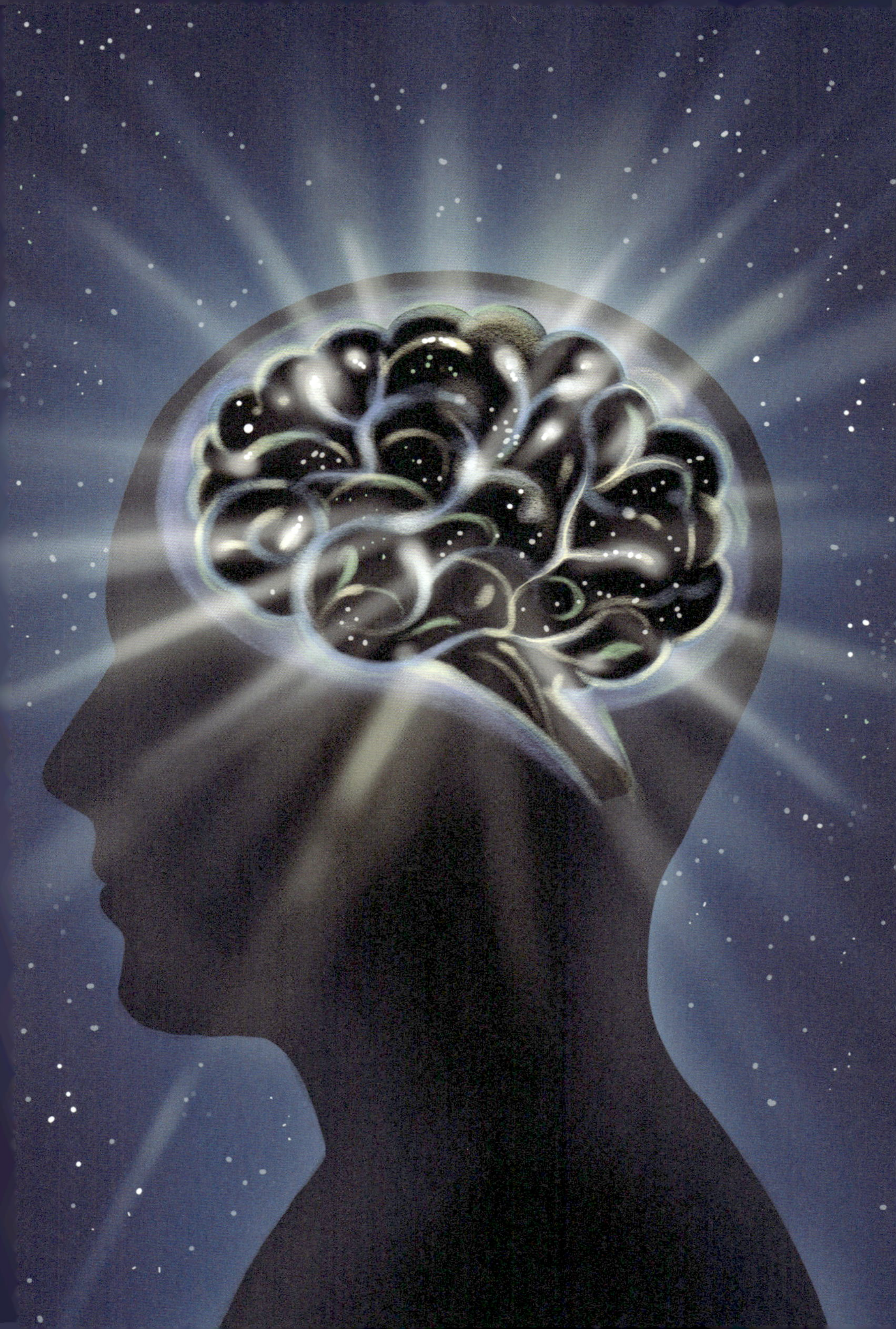

07

生命场的作用

前面讲的头脑的变化还少了一些机制上的解释，打算在这里再做一点补充。

我提过生命意识所带来的螺旋场，而螺旋场是意识和物质间结合的层面。我们当然也可以说，生命场的扭力或速度本来是无限大的，是一步一步落到人间速度慢了下来，扭力变弱，才可以让物质成形。

一个人转变愈大，随时让一体浮出来，这本身就带来一种能量的状态，大得令人想象不到。通过这个扭力可以改变物质，当然头脑也会跟着改变。我用英文会说“quickened spirit”或“Our spirit gets quickened”，就好像整个体质的速度加快了。这些话想表达的其实就是这个现象。

也就是说，我们只要可以接受一体，随时肯定它，也就自然把我们整个生命体的螺旋场加快，并且加快的不光是身体。我们可以用几个物理的现象来打比方，冷的电浆（cold plasma，或冷浆）就可以当作一个例子。

电浆又称为超气态或电离体，是离子化的气体，也就是我们熟悉的固态、液态、气态之外的第四态。如果我们借助电磁场的能量，让带电粒子沿着磁力线做螺旋加速，而电子的自由运动超过原子核的束缚达到一定比例以上，这种物质也就成为电浆的状态。如果只有一小部分离子化，这种状态也就是这里所谈的冷浆。不过，冷浆虽然“冷”，里头的电子还是高达几千摄氏度。

要达到这种电离状态，需要很大的电磁场作用。在某些状况下，例如天气极端不稳定、天地的电压差异很大时，在这个空间里有些气体的分子，比如氧、氮会带着高量的电荷，跟一般空气的能量状态完全不同。

极光，是我们可以在自然界观察到的一个电浆的实例。此外，还有一种称为电火球或球状闪电（ball lightning）的自然现象，虽然科学家可以在实验室模拟出来，但是到现在还不知道为什么这种高能量的状态会出现，也无法去预测它。它本身可能像花生米一样小，也可能大到几米，就像球状的闪电，却可以维持得比闪电还久。最有意思的是，它出现时像是有生命一样，移动的轨迹没有章法可循，可能在某个角落，或就像这张 1901 年的西方版画所画的，甚至会在室内出现。

不只是西方的文献有不少对电火球的描述，早在公元 11 世纪，中国北宋的科学家沈括就记录了类似的现象：“内侍李舜举家曾为暴雷所震。其堂之西室，雷火自窗间出，赫然出檐，人以为堂屋已焚，皆出避之。及雷止，其舍宛然，墙壁窗纸皆黔。有一木格，其中杂贮诸器，其漆器银扣者，银悉镕流在地，漆器曾不焦灼。有一宝刀，极坚钢，就刀室中镕为汁，而室亦俨然。人必谓火当先焚草木，然后流金石。今乃金石皆铄，而草木无一毁者，非人情所测也。”沈括所描述的情景，和上页的西方版画两相对照，符合的程度是相当有意思的。而且，从他的描述来看，这种能量状态会让金属熔化，对草木却无伤，这完全颠覆了一般人的看法。

其实，这种冷浆的现象，我自己从小便可以看到，后来也听不少朋友跟我反映类似的现象。对我个人，它最多只是代表或反映一个螺旋场的作用，是一个高速的螺旋场在一个限制的空间慢下来，所以不光可以跟物质接触，还可以让我们偶尔看到。这个原理在整个宇宙都是通行的，如果不是如此，星球也无从诞生。

我会提这些，最多也只是表达我们的生命或物质离不开螺旋场，而螺旋场可以改变物质。此外，就像前面提到的“金石皆铄，而草木无一毁者”，说明这种电离的现象确实跟碳元素有特别的关系。我过去常说它是来建立生命的，而不是毁坏。我年轻时喜欢做这方面的实验，也自然发现这种冷浆的能量可以改变物质，和一般的转变方式（例如燃烧，combustion）完全不一样。它本身有一个再生（regenerate）的作用，而一般的能量转变则是耗损（degenerate）。

就像我在《时间的陷阱》中所讲的，一般能量转移的过程都符合热力学定律，从能量高转到能量低的状态，而任何有规律的组织或架构早晚都会毁灭。但是，这种冷浆的能量却是再生性的，是能帮助生命存在的。

如果以后有机会，或许我可以进一步谈，为什么碳元素是我们物质生命最主要的组成。当然，这一套科学，跟所有人想的又是相反的。

水，也是我过去特别有兴趣探讨的，也自然发现有很多方法可以活化水的能量状态，带来很多健康的作用——不只对人，对动物、植物甚至细胞都有明显的效果。最重要的是，水的活化程度并不是一个模糊的概念，而是可以用很具体的方法来测量的。包括溶解度、表面张力，都可以反映水的活化程度。就像冷浆离不开高速度的螺旋场，水也一样。要转变水的能量状态，同样离不开螺旋场。只是，这个螺旋场是可以通过材料或机器去产生的。

相对地，我们可以想到，如果脑随时受到一个高速、高能螺旋场的作用，组织当然也会跟着转变，甚至将很多程序重新整顿。就好像经由这个高能的螺旋场，自然建立很多过去未曾存在的回路，从个人的角度来看就像是脱胎换骨。所影响的不光是习惯和习气，更是一个人思考的范围、模式，甚至连生命价值观都会跟着改变。这种变化不光是当事人主观的体会，身边的人也会发现这个人突然变了，就好像换了一个人。

不过，无论“脱胎换骨”还是“彻底的转变”（radical change），还是低估了这种变化的程度，我过去喜欢用“质变”（transmutation）来表达这种变化。古人也用这个词来表达身体或生理层面的变化之大，就好像物种产生了突变（mutation），而且是全面的突变，不仅仅是单一基因或分子的变化。

我过去会说这种变化比从青蛙到人类的那一大步还大，就好像把人变成了另一个物种。当然，你可能还是会认为这只是比喻，但确实是有这种想不到的转变。东方道家的炼丹、西方被认为是现代化学前身的炼金术（炼金术的英文是 alchemy，化学的英文是 chemistry，我们可以从共同的 -chem 体会到它们的渊源）这两个名词，既含有化学或物质层面的变化，在过去也含有长生不老的意思。

炼丹和炼金术可以说是古代素人的实验，比后来的化学提前了几百年，甚至可能是几千年。这就是古人伟大的地方，他们直觉体会到身体内有一种物质、内分泌或分子层面的变化，也就想实验看看可不可以把“丹”或“白金”炼出来。

这样的尝试是过去每一个文化都有的，东方的道教不用说，西方中世纪的瑞士医师、炼金术士帕拉塞尔斯（Paracelsus, 1493—1541）也透过身体、物质想对灵的部分做一个转变，后人对物质变化的看重也是这么来的。

但有趣的是，炼金术表面看来是在追求化学物质的转变，但我们读帕拉塞尔斯的作品，就会发现他谈的是内在的转变，而不是外在。不只炼金术的作品如此，表面看来只是单纯讲唐三藏取经故事的《西游记》，写得热热闹闹，像神话也像武侠小说，但它所谈的许多变化，包括孙悟空、猪八戒的角色，其实也在表达《短路》所要讲的“质变”。

有意思的是，我们虽然认为这些作品描述的是幻觉或想象，但依然很容易被这些学说或故事所吸引。几百年来，大家都爱看，就连小孩子也喜欢。尽管它用故事来表达，但好像我们内心更深的层面都知道它含有某种真正和我们生命相关的奥秘。

值得探讨的一点是，这些作品所记载的变化是否最多只是一个比喻，只是在讲内心的层面？还是在物质的层面可以经由短路或质变，也在组织和结构上做一个彻底的变更？后者的答案，当然是肯定的。不过，这其中的原理，对我在这本书所要谈的主题而言并不重要。最多是和前面所谈的冷浆一样，希望有一天，我可以有这个机会把它带出来。

一般我们从生物医学的角度谈突变，是在表达生命的遗传密码（也就是 DNA）产生了化学层面的变化，从一个组成（碱基）变成另外一种组成，就好像密码被抽换掉了。分子生物学家称之为点突变（point mutation），而把人类的演化当作一个个点突变的累积，毕竟如果一次突变的幅度太大，这个个体可能就会突然失去生命。

从另外一个角度来看，在生物整个基因组（genome）中，真正可以称为基因的序列不到1%（exon，外显子）。其他的序列有些只被当成基因和基因的间隔（intron，内含子），有些是休眠不作用的基因，过去甚至被称为“垃圾DNA”（junk DNA）。这也意味着，1%的基因要改变，需要99%的序列来支持它。举例来说，黑猩猩跟人类在某些基因上的差异不到2%，但如果就整体的DNA来看，差异可能大到10%～20%。

我这里所谈的质变远远超过一一抽换密码的突变，不是单纯的点突变。这种“质变”不需要往基因突变的方向去思考，而可能是休眠的DNA突然全部活跃起来，让一个人产生质变。

我们用螺旋场的道理可以很容易解释这种变化。

我们仔细看，连DNA、RNA、蛋白质、叶芽、花蕾、旋涡、台风这些大自然的动态都离不开螺旋的轨迹。这样，我们也就很容易理解，生命最根本的力量落在不同层面带来的螺旋场的改变，会将我们的整套程序（programming）都改变。这里所指的“程序”是包括全部身心的运作——我们对世界的看法、对世界的反应、每一个动作、每一个行为、每一个念头……这整套程序，都会跟着改变。

一般谈到的“超越”（transcendence），从我的角度来看还是一种小的变化或成就。超越，最多是表达意识焦点的转变——我们看穿这个世界，知道这个世界不是那么坚实，甚至可以看出它本身是一个幻觉。

一个人要经过意识上的转变，身心才可以跟着转变。如果一个人超越了，但还是离不开物质的转变，也就随时可以不超越或回到这个世界。这里所谈的质变，已经是一个后段或可以说是整体的变化，而这个变化会落在从最粗糙到最微细的结构层面，而不只是反映在功能上。

我才会说，这里所谈的这一套科学，是不可能在别的地方找到的，而且是现代的医学没办法肯定，也无从推翻的，最多会说它是一套奥秘科学，或说非传统科学。这套科学要等后来的人来验证。有一天，也许就是你。

这种质变，在机制上并不是要经过线性的程序，也不是从一个部位到另一个部位或还需要符合什么先后顺序。它是一个高速的螺旋场直接重叠在物质的架构上而影响整体，同时在各部位一起作用。当然，物质的层面比较重，组织或架构可能晚一点才会起变化，而比较微细的，例如神经运作的感受可能会先改变。我才会强调，一个人的习惯或回路会先改变，但到最后，连这个肉体的每一个部位都会跟着改变。

通过这本书，我希望一步步打开，将一些大家认为很玄的现象变得科学化。但是，我还是要提醒——这些变化最多只是结果。站在整体，其实没有什么重要性。

这种提醒，我需要重复再重复。

毕竟，本书所分享的变化，我相信你在别的地方难以找到，并且可能会觉得特殊，自然想去抓，也就不知不觉把这个主题当作追求的重点而会想得到这些变化，甚至把这些变化当作一种成就的表达。

这样，一个人也就自然把自己困在物质的层面，这一生可能再也走不出来，甚至看不到边。

08
五个感官的转变

我们全部的知觉和观察离不开五官，意识的扩大首先就会影响到五官的作用，而所牵动的改变范围还不是人们一般所知道的范围，至少不是单纯的频率范围扩大。举例来说，我们都知道海豚的听力范围比人耳更广，但我这里谈的转变倒不是说我们听的频率范围会突然变得跟海豚一样广，而是从不同的能量层面可以体会到更广的范围。

这里谈的能量层面，也可以用螺旋场来表达。我们自然会发现，如果生命的螺旋场变快，我们的知觉自然会跟着速度的转变而跑到其他意识层面，从而突然能体会到过去没有体会过的。比如说，我们的眼睛会突然看到另一些生命；有些人则是体会到各式各样的异象，而这些异象好像都跟我们的世界在重叠。

生命螺旋场的扭力跟速度决定了我们可以体会到的现实。我们自然会发现这些异象可以重叠，而且互相不影响。还有一个相关的现象也相当有意思，就是我们会自然打破时间的观念。毕竟，时间最多也只是脑的产物，站在整体，它其实不存在。

一个人到这个阶段可能常常会看到异象或浮出一个记忆，但并不知道该记忆是从哪里来的。也可能他遇见了某人，会发现过去彼此的关系。甚至他所体会到的不光是个人的经过，而可能是站在全人类、地球或星系整体的立场在看，并且这些经过是相当具体的。时间的观念对他愈来愈模糊的同时，他自然也会发现，有时看到的也许是明天、一星期、一年后的事。

有些人则根本不重视这些现象的内容，只是随时活在瞬间，就变成永恒。他自然不会在意任何异象，会认为任何现象都没有什么代表性。这时他会发现每一个瞬间是很长的，甚至可能是永恒，而他随时停留在每一个瞬间，自然发现时间也跟着消失了。

前面也提过，不去管它，这些现象自然会消失。然而，有些朋友会很好奇，很重视这些异象，甚至去追究里面的意义和真实性。特别是有些大规模的记忆，比如地球未来的发生。他们想跟别人分享，想去预言，甚至去预防。只是，这些朋友很快就会发现，这种追求本身就带来阻碍，反而让质变的过程踩了一个很大的刹车，甚至可能从此忙忙碌碌，一生都被这些现象给绑住。

这些异象或记忆好像都不是在一个线性的、有先有后的轨道上，最多只能称它是一种灵感或一种重叠。有些人会把它们称为神通，含有一种自认为特殊甚或“不正常”的含义，却不知道这些变化是我们每个人本来就有的，连动物和植物都有，并不值得去分析。

当然，也有人想从科学的层面研究神通。其实，再怎么研究，所谓的神通跟我们个人的转变一点都不相关。所以，我认为这种追求是多余的，一样离不开物质的层面。

我过去也常劝朋友不要在这方面着手，甚至跟他们分享——最高的神通，其实是智慧。一个人把真正的自己找回来，完全投入内心，自然会发现全部人生的体验，包括神通，都不重要。它们最多只是让人分心的现象，带给自己更多障碍。

前面提到的主要是视觉的异象，其实听觉、嗅觉、触觉、味觉也离不开类似的变化。有些人会突然听到迥非人间的仙乐，或是可以通过听觉理解到一些不可思议的信息，而这些信息跟现实其实都不相关。甚至好像听觉、嗅觉、触觉、味觉已经没有什么区隔。透过听，也可以看到，甚至好像可以触碰到。好像原本五官和五感的区隔都跟着被打破，而可以随时互相替代，再也没有什么障碍。

这么一来，一个人会发现自己对生命的观察突然不再受这五官的限制，就好像透过每一个细胞都可以觉察，也自然发现我们过去的认知其实相当有限，最多只在几个固定的频率范围内运作，然而知觉其实可以不成比例地扩大，甚至到无限大的频谱。

这一切，只是因为过去不知道，所以如果从某些层面体会到一些信息，还会被人认为是特别的“灵感”或神通。

可以想象，“短路”带来的这种整顿相当巨大，也会带来一些身体上的症状。比如说，有些人会头痛，而这种痛有时候集中在某一个部位，相当剧烈。去检查，又查不出什么异常。过了一段时间，也自然没有了。

针对这类现象，我个人的解释是——和任何物质都一样，人的结构最多只是生命螺旋场慢下来而从无限大的意识所凝结成的物质。本来是自由流通的，但在这个过程中堵塞了。假如没有这种堵塞，我们也老早就解脱，自然体会到什么叫作一体。

堵塞也许是在头脑的某一个部位，透过这个高速度的螺旋场而自然打通，也许在疏通的过程中，气穿过去，造成摩擦，碰到神经而转成痛。但是，痛并不是唯一的症状。也有人突然失去记忆力，甚至连自己的名字都会忘记。也有些人在各式各样的层面都不对劲，比如说，有些人突然看到一切都是颠倒的，甚至连房子、人等全部都是颠倒的。一样地，这些现象是短期的，不去管它，也自然会消失。

也有人在突然之间，包括平常的兴趣、跟人打交道的劲头、喜欢热闹的习性，甚至许多欲望包括食欲都会受到影响。饮食的层面可能自然转变，比如说突然体会到自己需要哪一类的营养，口味可能变得清淡，或者食量大减。体质也自然有大的转变，就像换了个人，连代谢都突然改变。这些变化可能是长期的，也可能是短期的。

我们可以想象的是，只要任何部位有堵塞，经由螺旋场而打开，都会带来局部的症状。从医学角度可能会认为不对劲、有异常，但是假如我们真正了解生命螺旋场是生命的根源，而它的力量又有多大，我们自然也可以接受这些变化，甚至可以不去管它、不去理它，让它自己完成它的作用。

这个过程可能需要几年甚至许多年。但是，一个人只要有信心，只要不断地肯定一体，都可以度过，可以把这些变化当作自然的转变，而不会将注意力集中在上面，反倒把这些变化变成阻碍。

这样，不知不觉，也就过去了。

09

嗅觉和味觉

前一章集中在视觉和听觉的变化，因为对我们现代人而言，这两个感官占了知觉的最大比例。

有意思的是，《楞严经》提到，在佛陀的年代有25位菩萨各自讲自己的修法。这些修法大致可以依照五官和头脑的本身、对象和作用来区分。每一个感官，比如眼睛，把注意力锁在上头就是一个方法。如果将注意力放在所看的对象上，或放下每一个眼前所看的，或内观，就可以将五官逐一扩充为25种法门。

其中，观世音菩萨的是耳根圆通法门，也就是听的法门。耳朵可以接收前后上下左右几乎360°的范围，在空间上的阻碍很少，也被认为是最有效的法门。最有趣的是，代表这个大法门的观世音菩萨也代表慈悲。

不过，现代人经过这两千多年的演变，自然发现眼根“看”的作用愈来愈强烈，甚至成为我们最主要的感知体验。而且，在感官的范围内，视觉遇上了几千年来科技上最大的突破。仔细想想，是透过眼睛，我们才可以看到电视、计算机、手机屏幕，而看懂这个世界。一个人假如失去了视觉，所受到的冲击和阻碍可能远远大于失去听觉或嗅觉。

我们都会说“眼见为凭”，也就是在表达各种数据时都要转成眼睛可以看到的才算数。可以说现代科学的进展，全都依赖着要先把各种现象转成眼根可以领略的。很有意思的是，就连古人留下来的脉轮科学也用“第三眼”来描述眉心轮。一般谈到神通或超感官知觉（extrasensory perception, ESP）时，即使许多这类的现象其实是从耳根来的，我们也会用“开天眼”来表达，这也反映了眼根在我们观念中的重要性。

就我个人的看法，透过眼睛看的练习方法对现代人特别重要。正因如此，我在各个场合，都喜欢用观想的方法带着大家练习。这也就是因为我知道，透过“眼睛的看”（无论对外还是对内）让注意力可以专注，对杂念踩个刹车，并让头脑安静下来。如果有机会，我会针对这两个感官的变化再多谈一些。但不只如此，其他的感官也一样会受影响。

比如说嗅觉，在“短路”的过程，一个人可能突然闻到过去未曾闻过的味道。有些人突然闻到香气，和过去体会的香味都不一样。这些香气和记忆是相连的，透过香气的刺激，自然会有一些画面浮出来。这些画面也许不只是自己过去和家人或其他人互动的画面，还有些画面从个人的角度难以解释，甚至可能是整个文明的记忆。

也有些人会闻到难闻的气味，甚至是尸体腐败的臭味。虽然一般人长期吃素，也会对人的味道特别敏感，但是在短路的过程中，嗅觉的敏感度会放大到不知多少倍。透过这样的体验，这些人不断体会到无常，彻底看到世界是妄想，随时知道是妄想，而不会被它带走。

一般人不知道，饮食所体会到的滋味很大一部分是靠嗅觉而来。所以，一个人在短路的过程中，透过气味马上可以体会到饮食健不健康，而自然会不想接触某些饮食。可能光是从味道就能体会到眼前的肉食是怎么来的，甚至体会到动物死前肉体的痛苦。所以，自然会想吃清淡，也许就吃素。

味觉，也可能有类似的变化。一个人突然对每个味道都特别敏感，而且敏感到一个地步，一般的调味他会觉得太重，而自然会想吃清淡的饮食。然而，这样的过程可能是暂时的，甚至接下来可能反而变得迟钝，好像每个味道都差不了多少。对他来说，最珍贵的美食和粗茶淡饭好像都一样，他最多只是当作延续生命的工具，不会在这方面着手，也不会在上面集中注意力。对他，这些都不重要。

透过嗅觉和味觉的体会，他也可能突然间对饮食能量的层面有了完整而贯通的体会，而自然会知道饮食的滋养不是只有化学的层面。每一个活的生命，无论动物、植物还是矿物，本来就有它的能量场或生命的螺旋场，然而在加工过程中，生命力都被破坏掉了，变成了“死的食物”，原本的螺旋场自然被破坏或慢下来。我们吃了这样的食物也会觉得被拖慢下来。有意思的是，一般人其实也有这种直觉，只是敏感度不那么高，而且会被调味料带走。

这时，人们除了对饮食的来源和处理过程是不是健康有一种很直接的灵感，也会自然体会到所吃的食物和健康的对应。因为体质比较敏感，连每个饮食的化学物运行到哪个部位都可以标定出来，甚至也不知道为什么，就明白了这些成分对健康的作用。

回头想，上古传说中的神农氏，遍尝百草而建立了最早的药典《神农本草经》，其实靠的也就是嗅觉和味觉。因为达到某一个修行的程度，对每种物质的药性都很清楚，自然将所尝到的食物分成上、中、下三类（君、臣、佐使），而发现有少部分的饮食可以调整体质，并称为“可治百病”的“上药”。

对我而言，这些上药可以称为“调理素”（adaptogen 或 bio-modulator），也可以说是天然的荷尔蒙。这些上药的作用并不在于引发某个很具体的生理或化学反应，最多只是调整体质，所以没有任何副作用。

从这个角度来看，现代化学药物的观念反而是在更下游着手。作用虽然比较具体，也许可以针对哪一个酵素代谢的路径，或是对某一个组成做调整或补充，却避免不了副作用。我会忍不住想开玩笑，从西药开发的角度来看，难免会认为一个药如果没有副作用，也可能就没有效。因为已经习惯了作用和副作用的存在，就像照镜子，没有一个也就没有另一个，到最后只好在药学上评估利弊得失，来衡量该不该用。

回到感官带来的变化，一个人味觉慢慢打开，饮食自然会减少，可能常常断食，甚至会用水或一些特别的饮食来净化身心。因为身体已经在转变，能量的消耗大幅度降低，就好像消化或代谢能量的机制都跟过去不同。这种断食跟我们想的不见得一样，可能维持几天甚至几个星期。

我过去亲眼见过有人断食近两个月，最多是喝水，在水里加一点柠檬，但是从体重来看，完全看不出来他在断食。我一接触到这样的人，自然发现他处在一种专注或定的状态，完全脱离世界的吸引。

我过去也常提到《美国心脏期刊》（*American Heart Journal*）的研究，将一名接近 70 岁的瑜伽士 Satyamurti 埋在地底下一个完全用水泥砖块密封的小空间，时间长达八天。这八天，他没有进食，没有新鲜空气，只有少量的水。他在第二天之后，心跳已经慢到心电图测不到的地步，可以说代谢都停了。八天后，Satyamurti 从地底下出来，大约过了两小时，心跳又恢复了正常。到现在，科学仍然无法解释这种现象。

过去，还有一位德国修女纽曼（Therese Neumann）40 年没有吃东西，甚至她时常出现天主教所称的“圣痕”现象，也就是像这张历史照片所拍到的，从身体不同的

角落流出血来。从生理的角度，一个人既不进食，还在不断地流血，竟然能活下来，这是无法解释的。当然，这些朋友处在很深的信仰状态，会说自己是靠圣灵而活。这些经历都有客观的记录。

我过去只会谈这位瑜伽士的实例，因为发表在有公信力的学术期刊，又有医师在一旁做专业的记录。但是，其他像纽曼修女和我个人的实例，我过去很少分享。即使这些实例有建立信心的作用，我还是担心有些朋友可能会把因果颠倒，以为这些成就是可以追求的，而想去断食或守戒，或是透过功夫刻意去修炼某些状态。却没想过，这些转变本身没有什么意义，也没有什么代表性。

比较有代表性的是，佛陀开悟前，一个月左右坐着不起身，然后突然醒觉。然而，真正的重点并不在于他断食或静坐不动多久，最可贵的是他把世界看穿的决心——认为没有什么比醒觉更重要，而愿意牺牲肉体的生命来达到解脱。

他一个月后醒觉，弟子们自然很好奇中间的过程，想知道他有没有得到什么特殊的能力、到了哪个空间、得到了什么领悟，然而佛陀最多只是回答*Buddhoti mam*——I am awake.我是醒的。(而这个我，不是小我。)

再回到味觉的变化，它其实也离不开消化系统和肠道。历史上有数不清的记录，而我们最多是可以参考。比如说，一个人在很专注的状态下会突然发现舌头往上翘，顶住上颚，从舌头滴下甘露。这些现象，古人都知道。道家叫作琼浆玉液，梵文叫作*soma*，古代的波斯人称为*haoma*，被认为是益寿延年的神药。

我过去当然也想知道这个液体是什么，但是并没有得到结论。我个人的看法，它跟断食一样，与代谢、内脏的变化都有密切的关系，所以后来自然教大家舌顶上颚。我也就发现，就这么简单的一个动作，马上活化副交感神经，让全身放松，呼吸变得深长，甚至比透过专注才达成的舌顶上颚效果更快。也就是说，光是舌顶上颚这一个动作，就成为直接调节自律神经系统的桥梁。只要做，就有效果。

当然，只有少数人会有甘露。这一点，并不需要去追求。它最多还只是一个现象。

再论及肠道，一个人会发现消化和排便的功能自然也改了。有一个现象，我过去很少跟别人分享，但它完全是可以重复的自然现象——也就是排出来的粪便会变得很长，甚至半米到一米长，几乎是将肠道里的粪便一次排空。而且气味会不同，完全没有很重的发酵味或臭味。这些变化，当然可能跟肠道的蠕动与代谢的转变都有关系。但从我个人的看法，跟甘露其实直接相关，只是我们现在没办法在科学上做个解释。

连尿液和汗液也是如此，好像因为身体的整体结构都在改变，身体排出的废物也跟着改变。产生的味道，不是我们可以形容出来的，没有一个东西可以做个比喻。一般人所知道的尿疗法或粪疗法，其实就是这么来的。古人都知道，在肠道或尿道可能有一些代谢的产物，对身体可能有种种的作用。

但值得注意的是，这些现象，我们最多也只能当一个果来看，倒不需要去追求。

10
触觉

触觉的变化，一般我们很少听人在修行的层面提及。但从我个人的角度来看，触觉的相关改变其实也很明显，完全是可以观察到的。

在短路的过程中，一个人的皮肤会改变，触感变得光滑，甚至连皮肤的味道都会变。当然，从简单的层面解释，是因为代谢或生命场不同，自然就好像活化了细胞，让再生的速度变快。这么解有一定道理。就像头发和指甲也会长得很快，甚至头发颜色会改变，也许变黑、也许变白，并不受到一般认定顺序的限制。连眼睛的颜色也会慢慢改变，也许变淡，甚至变成彩色。有些人的虹膜边上会有一圈蓝色或紫色。这些现象，我认为还算是小变化。

人们的感情其实离不开触觉，离不开触碰和抚摸。我们建立的任何感情——男女、朋友、夫妻、亲子，都是在表达对合一的追求。透过抚摸，就好像想跟眼前的人，无论大人、小孩还是同性、异性，都跟自己联结起来。我们也就自然会想去拥抱，好像透过拥抱可以合一。

我们不要小看皮肤，它其实是神经分布最丰富的感官，也是人体最大的免疫系统。透过触摸，我们自然会感到兴奋、满足，甚至短暂的合一。性，也离不开这个机制。性爱是透过皮肤的触觉，再经由神经的传达，带来一种身体全部神经的短路。这种短路，不只是单一神经的作用，而是透过神经大量、同步的放电带来一种大的放松。就好像全部神经完全同步，同时在放下。这时，我们得到身心的合一，自然会兴奋。这种合一的生命场不光可以浮出来，还占领了我们。

但是这种身心合一的场，跟一体所带来的短路还是不同。因为皮肤或神经所带来的感触本身还是离不开物质，还是有一个流动的方向。无论男性或女性体会到的高潮，还是离不开神经的管道，而神经的管道就限定了能量流动的方向。

一体所带来的短路则是同步的，不光没有能量的漏失，也不符合可以锁定的任何规律，甚至也不允许我们用任何感受来描述或定义。既然没办法用任何比喻来表达，最后只能用大欢喜、大宁静、大爱，来和现实的任何感受、感情做一个区隔。

透过这本书所谈的短路，一个人自然会发现，性高潮带来的放松还算小的放松，只是肉体暂时的作用。过去了，也就没有了。如果只知道这种经验，自然会让人希望重复，而自然产生一种“欲”。这种欲，对很多人来说是最难过的关。有些人修行了很多年，始终放不下欲念。

但是，也有人因为随时都在短路带来的大喜乐里，而且，这种乐比性带来的快乐大多了，反过来自然不会再去重视。同时他发现从世界可以得到的欢喜，包括性，不可能带来一种永久的喜乐。永久的喜乐是本来就有的，自然也就不会重视肉体的欲望。

这倒不是刻意去禁欲。一般人不知道的是，愈是去禁欲，包括性或是饮食或其他的欲望，反而是在强化这方面的回路，让本来不是一件事的事突然变成一件很重要的事，不仅停留在潜意识，还随时可以浮出来。

我才会说，从我的角度，一切都是颠倒的，包括修行都是颠倒的。

对性不感兴趣，其实是自然的现象。但是，因为有这个肉体，所以还是有饮食或其他习惯。一样地，有或没有，本身也没有什么矛盾。

我认为最可惜的是，谭崔瑜伽（*tantric yoga*）被现代人误解成男女双修，而让人误以为透过性可以打开脉轮，让拙火浮出来到头顶，让人超越。这种诠释，让我感觉是一种误导。

你跟着“全部生命系列”读到这里，自然会发现这是不可能的。这种超越本身最多还是神经的作用，是头脑的产物。一体，随时在等着我们，跟有或没有这样的结合一点都不相关。你做或不做，一点都没有作用。勉强去做，反而把自己带到一个角落，完全是对一体的误解。

这一点，不光是男女双修，包括任何身体的功夫，连一些通过呼吸练出来的功夫，严格讲也是一样的。

一个人自然会发现，任何从外面得到的合一或转变都还是在物质的层面。反过来，只有投入一体，自然会融化在一体中。他会知道这些现象全都不重要，只是神经上的转变、感受上的转变。到最后，这些都要放掉，而不知不觉进入“一”的状态。

把全部的感受和境界都丢掉，而且可以不重视——只有这样，一个人不知不觉和一体完全结合，接下来也没有什么境界或状态好谈的。

梵文的 *sādhana*，现代人译为“修行”（spiritual cultivation），我之前译为“练习”（practice）或“灵性的练习”，其实本身含有臣服的意思。对古人来说，*sādhana* 是接受、接纳、包容、臣服一切，也就是任何眼前的现象都可以放下，都把它看穿，更不用讲，自己身心的转变都要放下。

这样，我们自然会发现 *sādhana* 带我们进入一种瑜伽，或说融为一体的状态。这个融为一体是代表一切，它是圆满的，除了它（我们也可以说是自己），接下来什么都没有。只要还可以说有一个什么东西，自然落到二元对立。

所以，从这个角度看，前面谈的双修或各种现象都不重要。我们最多只能参考，把它当作一个身心可能经过的变化。毕竟任何转变，尤其是身心的转变，本来就相当精彩，也就自然抓住我们的注意力，更因为我们会随时想重复再重复，所以自然变成我们的阻碍。

皮肤的触觉，一样会带来另一个层面的现象。有些人透过触觉，突然带出很多过去、现在甚或未来的记忆。不只如此，还体会到别的法界、别的层面。不光在这个时空，还有时空之外。当然，过去古人就描述过三千世界的其他灵体，自然发现每种生命都有它自己的周转，采用的能量、代谢、需求和人类完全不同。

但是，我要表达的是，全部这些还是头脑的产物。

我们人既然有本事化出一个世界、一个人身，自然有本事化出种种众生、种种现象。不去管它，自然发现它会改变，也许会消失。即使短期可能更强烈，但到最后，跟幻觉一样，早晚会消失。

过不了这关，也就可能耽误一辈子，不光是耽误自己，甚至可能耽误别人。

11
生理机能的变化

前几章，都是站在五官的层面来谈。但其实，一个人在短路的过程中，可以有数不完的变化。而且，这些变化在每一个部位，包括每一个脏器都可以体会到。比如说，呼吸自然会慢下来，会拉长，甚至让人突然体会到什么是身心合一或天地人合一。

有些人会发现，呼吸和心跳不知不觉慢了下来，甚至连脑波都跟着变慢。脑波从平常清醒忙碌的 β 波下降到平静的 α 波，再进一步下降到深度放松，甚至深度睡眠的 θ 和 δ 波，跟深睡无梦的状态非常类似。

脑部的变化其实是相当显著的，接下来，我会再回到这个主题。

回到呼吸，也就好像呼吸没有阻碍，从头顶一路到脚底，甚至通过去。这种呼吸带来一种舒畅和安定的感觉，可能是一生没有体验过的。在这种呼吸中，通常没有念头。一个人不光活在当下，对一切的看法更是不同。眼前的事，可能对别人是烦恼，甚至灾难，对他，好像都不相关。因为接下来，没有一个“谁”在烦恼，最多只剩下一个观察者轻松看着呼吸，面对外围的挑战和变化，看着眼前的身体需要去处理。

当然，代谢也会跟着降下来，心脏的脉搏也跟着慢下来，全身的血管都是放松的，就好像身体自然选择了最高效率、最不费力的方式来运作。

也有人突然体会到，身体的每一个部位都可以呼吸。不是只有肺部在运作，甚至肚子下方的丹田都好像有个马达可以带动呼吸。这种呼吸，是由丹田带动肺部呼吸。它本身有个运行，古人称为小周天，无论道家还是瑜伽都提过。我在《重生》中也对 *kriya yoga* 净化呼吸法有过详细的说明，还带大家练习。

当然，这些现象都是有的，而且每个人都可以体验到。从我个人的角度，它可以是转变身心相当有用的工具，将注意力集中而让人变得稳重。虽然如此，就像前面所说的，并不是通过它或任何呼吸的练习把我们带回到一体，而最多是通过这些练习把身心挪开，让一体浮出来。

讲到同步，其实心脏也会跟着一起同步，就好像心脏每一个细胞都相通，而波动完全一致。这样的同步和谐振自然产生最大的能量，也自然带动身体一起放松，而得到一种舒畅的状态。我在《真原医》中也花了相当多篇幅来描述这种现象，并且强调由心带动的波动或聪明（heart intelligence）远远大于脑产生的磁场或聪明。

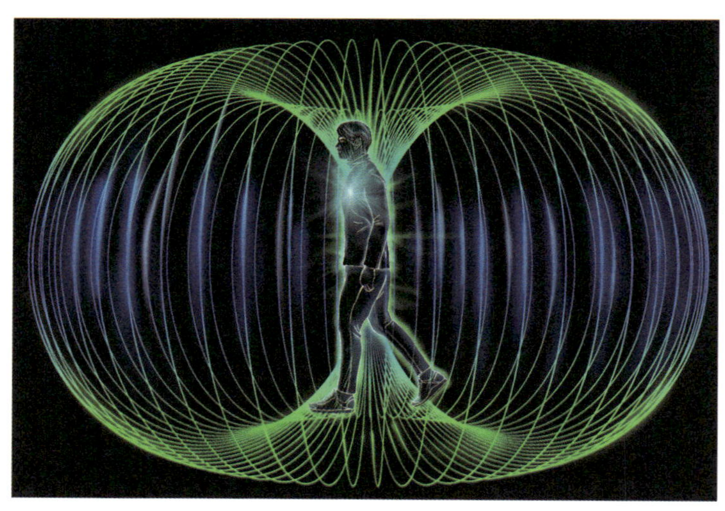

一个人只要放松，带着感恩、友善的念头，自然就带给心脏谐振（coherence）。谐振，最多也只是同步或合一。不光是心脏在同步，这种合一也自然透过血管、肌肉、筋膜扩散到身体每一个部位，包括脑。所以，一个人融化到一体，不可能体会不到什么叫作谐振。

我过去发现，无论是古人记录下来的变化，还是很多朋友所分享的各式各样的身体状态，其实都离不开谐振的观念，最多只是他们分享的部位、所用的语言不同。

心脏的谐振透过血管可以扩散出来，而血管放松自然会让我们回到一种最稳定、最根本的波动。这个波动的频率是每分钟 6～7 次，我们过去称为梅尔频率（Mayer's rhythm）。血管的波动不光是慢下来，一般人最难理解的是：全身各部位也跟着同步，就好像全身的组织经由血管变成一个整体，而这个整体的波动在每一个部位都一样，都是同时的谐振。

我常用打鼓来说明。鼓的波动先跟地球达到共振，而梅尔频率跟地球的频率很接近。所以，通过打鼓释放出来的波动，可以和外围一层一层地达到共振而带动外围的振动，包括我们的人体。正是这样，历史上每一个文化都喜欢用鼓声来庆祝、来放松，让我们跟大地一起脉动、一起共振。

我们人体除了神经和血管可以把身体连通起来，其实还有一个组织叫筋膜，只是这个组织在过去常常被忽略，而我在《结构调整》中特别把它带出来。筋膜不只是将肌肉包起来，而且贯通全身，还有一个螺旋的走向可以从各角度将我们的身体连起来。一个人放松，自然把过去在筋膜组织上累积的伤疤和粘连打开。

筋膜组织除了有保护和润滑动作的作用，其实还有一个信息传达的层面。一个人不知不觉融化到一体，最多只是从一体延伸出无思无想的状态。这个状态，在我们的组织上自然是最放松、最根本、最稳定、最

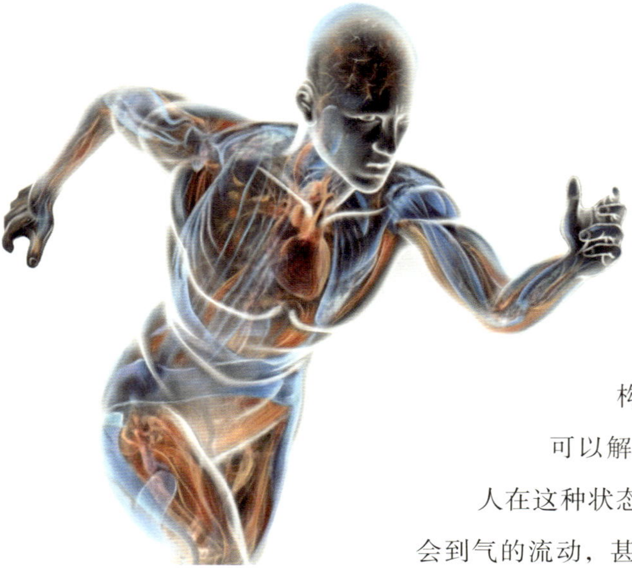

舒畅的。一个人进入这个状态，不光是主要的脏器放松，更是全身每一个细胞都放松。

有意思的是，我在《结构调整》中也提到，筋膜组织可以解释中医的穴道和针灸。一个人在这种状态下，不光是被针灸时可以体会到气的流动，甚至身体每一个部位都可以体会到。这种灵敏度也可以解释灵气（reflexology）的运作原理——手脚穴道可以影响内脏，也可以解释为什么在一个部位做结构调整，所影响的范围远远超过局部的障碍。

其他的生理机能，例如内分泌，也跟着落在一个均衡点（homeostasis），一样选择在一个最均衡、不费力的状态下休息。这是预防压力最好的状态，也是最没有压力的状态，就像随时在休息、再生。因为全身血管的阻力降低，自然会发现肤色也比较红润。不光如此，过去曾因堵塞或受伤而血液供应不足的部位，自然可以再生。

当然，这些现象也多少可以解释之前提到的例子，包括瑜伽士埋在地里八天、修女长期断食还可以存活下去。前面也提过，我过去会提出这些现象，最主要是鼓励大家建立信心投入静坐。我认为，在我们忙碌而盲目的生活中，这种信心也是我们都需要建立的。

专注或观可以带来一些身体上的变化，而这些具体的实例，对一般人建立信心确实是必须经历的过程。但是，坦白讲，这些其实都不重要，最多还只是一个经过，只是一种休息的状态，就像是身体想用各式各样的方法去配合意识的转变。意识融入一体，一个人自然没有念头、没有头脑的运作，全身都跟着休息。

我年轻的时候也喜欢做这方面的示范，在各种情况下用不同的设备来测量这些变化。但很早就发现，一般人只要有一点知识或科学的背景，就自然会想用各种方法去解释或否认这些现象。没有这些科学知识的朋友则把它当作很玄的现象，甚至当作修行的目的。接下来，无论有没有科学的背景，都只是停留在身体的层面去追求。

我在这里要再次提醒——修行最后的目的，最多只是醒觉。

醒觉了，一个人自然会彻底理解真正的自己是谁，而跟这个肉体（还不用讲肉体的变化）一点都不相关，不需要把我们的意识限制在那么小的范围内。

我会在这里提出来这些，因为这些变化在现实中是可以重复的。我们并不需要立即将它否定，最多是谦虚地面对它，知道自己理解的范围其实相当有限。我们的潜能带来数不完的可能，而其实是我们自己把它限制到不可能。

12
神经的变化

前面谈到神经的变化，最明显的当然是脑波慢下来，而念头跟着消失。

一般清醒忙碌的状态，我们称为β波（14～30Hz，也就是每秒波动14～30次）。通过静坐的练习，一个人自然可以慢下来到α波（9～14Hz），而且还是同步的α波。我们想不到的是，甚至连9～14Hz的α波还可以进一步慢下来。我在《静坐的科学、医学与心灵之旅》中也提到，可以进入4～8Hz的θ波，甚至更深的1～3Hz的δ波。

当然，我们会想问，一个人是不是只有在静坐、专注、练习中，才可以进入这种脑波变慢的状态？

其实，不只静坐才能达到。一个人假如随时完全停留在一体，他的脑波不但会慢下来，甚至可能监测不到。

重点是，在这种状态下，他还能不能运作？能不能面对这个现实？

答案是当然可以，但是会出现一个一般人没有的现象，也就是同步。

脑波为什么可以同步？其实，也就是神经同时放电。讲到同步或谐振，意思是不光脑部受刺激的部位在放电，还有很大的区域，甚至整体一同放电，同步地放电。

一个人随时在一体，脑波可以慢下来到α波，也可以是快的β波，甚至到更快的γ波（30～100Hz）。重点倒不在于脑波的快慢，而在于同步。同步的脑波频率高低，只是依照所处理的事情种类而定。事情处理完，又回到休息状态，也就慢下来了。处理事情等于在同时启用各部门、多方面的功能，自然是全面性的专注。遇到事能够同时且全面地处理，这样既不费力，成果又好，处理完了还可以得到一个很好的休息。

这种脑波同步放电而达到的全面性专注，我在这里借用激光的特质再多做一点比喻。首先，激光的组成很纯，并不像一般光线是混合光。激光的每一道光都朝同一方向前进，步调一致，光的波动无论上或下都是同步而重叠的。透过这样单一、集中和同步的特质，可以让激光成为能量很强的光源而集中穿透很小的一个点。

任何静坐的方法都离不开专注与观，我在《静坐的科学、医学与心灵之旅》中也带出了各式各样的方法，无论什么方法，最后都是希望将我们的注意力集中在一个点上，让注意力变得很纯，让所集中的这个点小到或扩大到超过时空的范围。这也就是我之前所称的“奇点”（singularity）或“意外的点”（point of anomaly）。

在这种状态下，脑波自然达到谐振。透过注意力高度同步而集中，我们才可以得到一种超越的感受。也就是说，头脑全部集中在一个点，甚至到了一个点都没有的地步。脑突然失掉作用，而有一个更大的力量从内心浮出来，占据了所有的注意力。可以这么说，静坐最多是透过感官守住一个客体、一个对象，透过这个意外的奇点，可以意识到一个没办法解释的层面。

我在“全部生命系列”带出来的“反复的工程”，和一般静坐的不同就在于，并不是把注意力放在一个点，而是把注意力集中在我们本来就有、本来就在的一体，是透过一体在参、在臣服。可以说，不是透过这个有限的身心在练习，而是反过来从绝对、一体在看这个身心。就像透过臣服和参，我们并不是把注意力摆到一个客体，而是反过来，最多只是回到主体。

透过参，我们不断提醒自己——谁有这个念头？谁有这个感受？有这个念头或感受的人，是谁？谁，有这个伤痛，有这个情绪？

透过这样的提醒，我们原本所专注的对象（客体、念头、情绪、感受）已经没有什么重要性，甚至没有角色可谈。我们不断集中在可以分别、有客体、有一切的源头，也就是不断地透过念头把我们的根源一再地找回来。

臣服也是如此，不管眼前有什么，我们把它接受、容纳、拥抱起来。这么做，我们其实不是在臣服于眼前的客体或对象，而是臣服于真正的自己——肯定除了真正的自己，没有其他的体。

不要小看这两个方法，就是那么简单地做了一个反复，将本来向外发散的注意力收敛向内，也就这么省下数不完的功夫。无论脉搏怎么变化、注意力集不集中、有没有谐振都不再重要，我们都已经轻轻松松跨过去。没有进行任何追求，我们的注意力自然集中、自然谐振。一个人随时停留在这个状态，会带来一个彻底而脱胎换骨的转变。

这可以解释，一个人随时融化到一体，为什么做事、讲话、休息都是合一的。也可以解释，为什么我一直说深睡无梦比较接近短路或醒觉的状态。当然，严格讲，这样的表达也不完全正确。因为我们一般人深睡无梦时体会不到最原始的觉，通常是在醒过来的那个交会，才有机会稍微体会到。

这里讲，在无梦深睡的时候我们是醒觉的，只是因为自己不知道而自然完全否定有这个状态。然而，不只如此，白天我们也有从夜里的梦醒过来，有醒觉所带来的觉，只是，也跟无梦深睡一样，我们就连在白天也同样不知道自己有这个状态。

相信你已经发现，我在本书同时使用了“短路”和“醒觉”两个词，有时是交替使用。如果我们还想将两者进行区分，最多是我在本书比较常用“短路”来表达我们的身心与一体合一所带来的一些现象或反应。

但是，严格讲，这些反应最多也只是站在别人的角度在看这个身体，而一个已经醒觉的人对这些变化一点都不会重视。因为醒觉过来的人充分知道没有一个变化可以描述醒觉，也并不是真有一个人可以宣称什么叫作短路，他最多只是知道这个肉体还是符合业力在运作，所以也只是轻松放过这个身体。

前面讲到同步和慢下来，这种变化是相应于高速螺旋场的状态。高速螺旋场的状态也自然可以“打通”头脑的每一个部位，让许多过去没有使用的神经细胞也跟着活跃起来。之前提过的很多异象、直觉，甚至所谓的超感官知觉 ESP，最多也只是很多神经细胞和其他细胞一同活化的结果。因为我们全部相对的意识都是从头脑延伸出来的，所以在这个过程中会有各式各样的现象，让我们体会或感触到。

除了前面讲到的头痛、异象，有些人还会突然发现这个世界消失了，或是看着一切突然就像无限大，无边无际，也可能自然落在世界与世界之间（in-between world）——有时候，眼前的东西好像有，又好像没有，像一个影子。也有人经过好长一段时间在发呆，完全失去时间的观念。还有人认为自己的身体从脊椎一直在膨胀，在这个过程中也可能有局部的痛或欢喜，而这种欢喜是一生可能没有体会过的，会让人希望停留在那个欢喜的状态。

这种现象的变化是数不完的，不只从一个感官延伸出来，而可能是多重感官的经验——有听觉、有视觉、又有嗅觉……有无穷的排列组合。不光是生理机能有数不完的变化，念头和情绪的变化也是数不完的。

我指的不光是情绪丰富的变化，甚至包括在观念上突然体会到很多层面的知识，而这些知识跟过去所学的都不相关，远远超过过去所学的范围。有时候，生命的气场通到头脑某一个部位，会突然浮出一些奇怪的、看起来不相关的念头，从最粗糙到最细微好像都可以体会。

这些经验，有些会再三重复，有些就一次，来了，走了，也就没有了。有时候，人心情的浮动会很大。有些人会感到忧郁或孤单，性格可能发生彻底的转变。然而，这些转变最多也是一时的。只要继续走下去，自然会发现，融化到一体，什么特质都没办法描述，猜不透、说不清，也预测不了。这时，最多也只是把它都放下。

我还记得，好多年前，有朋友跟我提到西藏密宗近千年前的一位祖师密勒日巴。他有一位弟子是医学世家出身，自己也是医师，名叫冈波巴，后来也成为密宗重要的上师。密勒日巴大师带着冈波巴苦修，每过一段时间，冈波巴就会到上师面前请教各种疑难，而这些疑难主要都集中在身体的层面。无论面对什么现象，密勒日巴大师最多是跟他解释：气正在从哪个部位通到哪个部位，而要冈波巴不要管它，只是继续静坐。

因为冈波巴有医学的基础，对身体的变化自然特别感兴趣。然而，密勒日巴大师很清楚，冈波巴很容易被这些变化绑住。如果不帮他踩刹车，那么，这一生最多也就是停留在身体数不完的变化之上。

到这里，我相信你已经知道，身心和这里所讲的一体或绝对（我们也可以称之为醒觉）是完全在两个层面。身心再有什么变化，跟醒觉还是没有直接的关系。醒觉，是完全在意识的层面。我们把相对的部分（包括身心）挪开，才有一个一体叫作醒觉可以浮出来。然而，就是我们还没有挪开，还落在身心当中，这个一体和醒觉其实也早已存在，只是我们不知道。

我会提这些现象，用意还是一样，只是让你作为参考，倒不是认为这些现象有什么代表性。要不然，你可能就像没有见到密勒日巴大师的冈波巴一样，被这些现象绑住。

知道可能有这些变化，而且，这些变化都是一时的——自然为我们建立一个基础，一旦遇到了，知道要全面地看开、放下，不要重视。

13
脉轮

谈过神经的变化，我接着要谈谈脉轮。在短路的过程中，这种身心的变化是在每一个层面，甚至在我们看不到的层面，跟着生命的能量场一起变更。脉轮，就是一个例子。

大家可能比较熟悉的表达，是七个主要的脉轮。脉轮和穴道并不是一回事。穴道跟肉体的组织还有重叠，可以定位在身体的某个部位，而脉轮好像落在另一个界面上，跟一个比身体更深的层面接轨，将筋膜、神经丛（plexus）、更深的情绪和灵性层面都连起来，所以才难以将它锁定在身体的某个组织上。

有时候，我们会借用脊椎来表达脉轮的相对位置。但是，脉轮其实不是沿着结构上的脊椎排列，而是沿着身体的中轴，也就是我在《静坐的科学、医学与心灵之旅》《螺旋舞》和《光之瑜伽》里谈过的中脉。

我也常常提到，左脉、右脉和中脉交会的地方就是脉轮。这些交会点虽然不是落在肉体的结构上，但是它们的相对位置并不是没有规律的，而是每个人都会落在差不多的位置。

当然这句话也不那么正确。我们的五官体会不到生命的螺旋场，同样也没办法体会到脉轮。但有意思的是，虽然脉轮跟肉体不在同一个轨道，但是从古至今，透过修行、透过定都可以把它描述出来。

用螺旋场的语言来表达，我们可以说，生命的螺旋场跟身体最直接的接触点也就是透过脉轮——螺旋场凝固变成物质的过程，是先让场的速度慢下来，集中在脉轮，然后再从脉轮转成物质。

可以说，脉轮和脑一样是一个指挥中心，可以调动我们身体的每一个部位。在短路的过程中，当然也少不了脉轮的变化。

这些脉轮，虽然我们一般会描述成七个中心，但其实还有许多其他的脉轮。如果把七个脉轮当作中央，也还有地方性的其他脉轮。有些人会列出九个、十五个，甚至二十三个脉轮。当然这些数字其实没有什么代表性，只是看我们把注意力摆到哪个部位。有些可能体会到，也可能体会不到。

但是，有个很有趣的现象：这些脉轮也会“打开”或“打通”。脉轮“打开”和“打通”所要表达的，最多是我们透过这个肉体和身心跟生命的内在，包括生命的螺旋场接轨，并把阻碍或对立降到最低，让生命的螺旋场透过脉轮自由地流出来。

比如，我们说一个人像天使一样友善。这样的人，其实可能是这些小的脉轮打开了。虽然我们的肉眼看不到，但有时候又好像可以体会到

一种光从身体里照出来，甚至有翅膀的形状，也就很自然用天使的翅膀来形容，而有些天使有两只翅膀，有些有五只，甚至七只翅膀。这些最多也只是表达这个人在某一个层面的脉轮打开，在更微细的层面，他的螺旋场比较大（一般人会称为频率比较高）。但是，从我的角度来看，一样没有什么代表性。

反过来，有些人比较粗重，在行为或情绪的层面很粗暴，我们一般也会形容像野兽或饿鬼。相对地，他们也是在某些脉轮堵塞。然而人是多个层面的组合，这些现象其实也不用过多分析或强调。因为任何我们可以形容的，包括行为的好、坏，都还是我们头脑的产物。站在一体其实也没有什么是好、什么是坏，一切都是圆满，一切都是平静。

回到短路，值得分享的是，我们从多体回到一体的过程所体验到的变化。古人会用不同的象征、颜色、形态、数字甚至声音来表达每一个脉轮，常用的一个象征就是有着不同数目花瓣的莲花。这些象征表面看来很抽象，甚至不相干，但其实都是在脉轮打开的过程透过气或光所带出来的路径，才会描述出这样的结构。

举一个例子来说，在太阳神经丛轮打开的过程中，一个人可以体会到好像跟每一样东西、每一个人、整个世界的每一个角落都是相连的，就好像万物都从自己的胸腔延伸出去，甚至之间好像还有联结。

在打开太阳神经丛轮的过程中，一个人可以看到它和每一个现象、每一个人的联结，自然就会发现这个联结确实是真的，确实是由我们自己发出的。他自然也就体会到“一切都是头脑的投射”这句话一点都不是比喻，而是千真万确，因为有这个小我可以投射出这个世界，而且之间完全是相连的。

太阳神经丛轮完全打开，也就跟这世界、跟一切都没有分手。甚至，会看穿万物的存有和现象，知道没有任何的实质，最多只剩下空。空，空到底。万物都是空，而这个空跟自己的空完全没有区隔。

所以，这些脉轮的结构或形态，对我个人其实没有什么代表性。因为那些路线只是脉轮打通的过程，可以说是结果，不值得把注意力落在这些路径上去刻意追求，也没有什么追求的必要。

再比如说，喉轮不光是掌控声音、沟通的能力，还与很多内分泌分不开。在短路的过程中，一个人的喉轮会突然膨大，就好像围着脖子有一圈突然膨胀。他的表达能力会突然间变得非常流利，没有念头却可以演讲、可以开示。带来的震动不光在周围可以体会到，就连不同的层面和法界都可以有互动。就好像透过喉轮扩大，我们想跟宇宙的物质、非物质都达到共振。一般人所谓的“沟通”，最多也只是反映这种融为一体的观念。

顶轮也是如此，好像透过头顶，可以看到所有的法界都可以接轨。接轨了，发现没有任何知识重要，全部都只是透过“动”或追求得来的。一个人随时跟宇宙接轨，自然发现到处都是恩典，而这个恩典随时跟自己结合，非要让这个肉体做个全面的转变甚至质变。

古代的大圣人都有一样的体会，而无论哪个传承都自然画出头顶带着光球的图，只是后来才画成一轮光圈。这种画法其实相当贴切，任何脉轮，包括顶轮打开的过程，都会膨胀，而让人感觉到就像有一个球或光体在那里。前面提到喉轮会扩大成一圈，在头顶更明显，连外围的人都体会到好像在放光。也是因为这样，后来的人才会用 enlightenment（光启）来描述开悟。

顶轮打开的过程当然有各式各样的现象或症状：有些人会头痛，有些人会不断有一种膨胀的感觉，注意力没办法集中在眼前的事情或看到的东西。也有些人肉眼所看到的世界是上下颠倒的。也有人突然体会到整个世界就像一个没有云的蓝天。空，空到底。蓝，蓝到底。没有一个念头可以留下。还有人可以体会到每一个脑细胞都活跃起来，就像脑的全部回路在重新整顿。

从圣人的角度，这些现象都不重要。甚至，假如不小心集中在上面或期待它们重复发生，这本身又变成一个阻碍。

眉心轮，后来的人称为天眼（spiritual eye）或第三眼。也有人从科学和医学角度来分析，认为是松果体。成人的松果体很小，就像是演化的遗迹。其实，眉心轮和其他脉轮一样不等同于具体的肉体层面，也不见得等同于松果体。

天眼活跃起来，人自然进入一个无所不知的境界。首先，透过五官看到、听到、体会到别人不可能知道的知识。很多人会称之为神通。我在前几章也对这些现象做了相当多的描述。

假如一个人不去管这些现象，不去理它，不被带走，自然会发现人间可以知道的东西在整体中不光没有任何重要性，本身还是一个相当大的分心。所以，自然会发现自己从知识转成更深的认知或分别智——可以不断分辨什么在一体比较重要或不重要，而随时把注意力摆回一体。

不知不觉，从知识、动的层面，转到智慧、在的层面。

应该这么说，一个人天眼打开，倒不是得到大神通，而是大智慧。

相对地，海底轮打开是促进生命，不光对身体的能量带来大的更新和再生，好像造成一个新的循环，同时带动古人所说的拙火，沿着脊椎

一路上到头顶。

拙火，有人译为“灵蛇”，虽然是一个比喻，但如果一个人有这种现象，会知道这种比喻一点都不夸张。因为中脉完全打通，拙火透过左右脉不断地回到中脉，感觉就像两条蛇不断往上爬，跟脑连起来。而“爬”的方法，最多也只是符合螺旋的轨迹。

这时候，一个人是非定不可。假如上面的顶轮也打开了，会突然发现一个天地合一的现象，就好像透过中脉意识扩大了，和天地连起来，自然让我们体会到无所不在。如果继续停留在这上面，身体的观念也就自然消失。接下来，只剩下定。

从海底轮到顶轮都是通的，才会突然体会到什么是空。这个空，假如可以一直空，空到底，会突然转成圆满。“空”和圆满、“在”和“做”“动”也不再有区隔了。一个人到最后，完全知道自己的状态和众生的全部状态都一样，都分不开，最多只能用圆满或宁静来表达。

因为这种现象是难忘的，而且带来大欢喜，后人自然也就衍生出对谭崔瑜伽的误解，认为透过性的接触可以得到。这其实是很大的误导。

眉心轮与生殖轮两者都和创造甚至繁殖有关。如果一个人的这两个脉轮是通的，甚至通到头顶，自然体会到什么是化身，并会突然明白人生所见到的一切都是颠倒的，是一体落在这个肉体而产生这个具体的意识来操作它，而不是身体产生意识。这个意识可以来，也可以走，并不需要停留在任何地方，包括这个肉体。

一个人懂了这些，他的小我自然化解，可以彻底体会到无所不在，但同时也知道哪里都不用去，哪里都去不了，因为哪里都在。这时候，突然之间“这里”“现在”“当下”再也不是理论，随时都在当下。

在这些脉轮打开的过程中会有各式各样的现象，有些人会在自己的领域得到不可思议的突破，当然也有人选择什么都不做，避开人间。

前面谈到眉心轮，其实眉心轮和创造力有关。这个脉轮活起来，我们一个人自然可以整合很多领域，并透过这些整合在艺术、文学甚至科学的领域有所发挥。这样的创意因为是无思无想而来，几乎可以说是颠倒的，而自然带出各种现实中没有的作品。但是，假如不被这些创作带走，一个人这时候可以不断地把心收回，自然发现最大的创造力不是在人间可以创造什么东西、有什么本事或留下记录，最大的创造力其实是“在”、不动。

透过“在”，一切都好像可以完成它自己。一切好像没有开始、没有做、没有动，都可以完成它自己。

眉心轮打开时，我们发现意识可以延伸到各个角落，是一种无所不在。创意不光只是延伸它自己，更是一种智慧，可以扩大到每一个角落，这也就是无所不知。一个人也自然从人间的创造力转成智慧，知道没有一个成就可以吸引他或有绝对的重要性，而自然会舍弃一切。这才是真正的出离，而不是在人生培养什么德行，或放弃什么习性。

心轮也是一样的，智慧突然可以照亮整个宇宙。心轮的光本身就是爱，并不是透过“动”可以照出来的。我们也会突然发现，这种爱跟人间的感情完全不同。这种爱没有要求、没有得到、没有期待，甚至连“付出”都不是。它什么都不是，不是用语言可以描述的。如果要讲，最多是爱自己——这个自己不是小我，而是一体。最高的慈悲、最高的爱是把每个东西看成自己，而全部离不开一体。

心轮打开的欢喜会让人一生难忘，就像千百万倍的高潮自然扩散到每一个细胞，让每个细胞跟心一起波动，一同欢喜。

在心轮下的太阳神经丛打开，也就结合了智慧和慈悲。一个人自然可以照亮整个世界。或表达得再贴切一点，是一体透过这个身体照亮一切，带给外围的环境，包括众生无数的希望、加持和恩典。一个人也就突然跟过去全部的大圣人联结，建立一个生命网或意识网（life grid 或 consciousness grid）而大幅度提升全人类的演化。他照亮出来的场（假如可以用这种比喻）本身带来一个向前进的螺旋，可以影响到人类各领域，包括宗教。

你可能会发现，我这里谈脉轮的切入点跟你过去所知道的可能不一样，甚至是颠倒的。一般的说法可能把重点放在怎么开启脉轮，强调每个脉轮对人生的作用，并鼓励人把它变成一种追求，而我的角度刚好相反。脉轮打开是一个结果。一个人回到一体，透过短路，脉轮自然会打开，倒不需要去刻意追求。

也因为如此，我谈的时候没有依照什么顺序或任何重要性来排列。此外，脉轮相关的种种变化和现象，如果真的要一一描述会相当丰富，远远超过一本书的篇幅。以后如果还有机会，我再慢慢切入。这些知识和现象对我个人都不重要，所以我会用这种随意的方式来表达。只是因为担心你可能赋予它不必要的重要性，我过去很少公开谈。因为我知道这可能误导无数的修行者，让人不断投入这个不必要的框架，甚至走不出来。前面提到密勒日巴大师一再提醒冈波巴，也是这样。

假如我们还记得融为一体的观念，自然会发现，这些脉轮扩大的场到最后也会集中。就好像如果把每个打开的脉轮描绘成光球，一个个光球跟邻近的光球融合，不断地打开，不断地融合，最后也就变成一个没有分别的大光球。

然而，到这里，连光球最多也只是比喻。全部脉轮打通，这个身体再也不会带来任何阻碍，一个人也老早已经融化到全宇宙，没有什么光球把他包起来，而好像还有一个隔离需要再去化掉。这时候，一个人最多也只能用圆满来表达这种状态。

全部打通了，其实没有一个现象对他重要而会把他带走或还需要他做一个区隔。每一个现象，跟他自己都从来没有分开过。一个人会发现，本来都是一体，一切都是平等的。有创意和没有创意、有潜能和没有潜能、可能和没有可能等状态之间，完全没有区隔。

到这里，最多只能用“平安”“宁静”来表达。假如还有欢喜，已经不是肉体的欢喜，而是一种全面的欢喜，是身心合一的欢喜，是空灵的欢喜，是没有重量的欢喜，是自由的欢喜。一切——在和不在、有和没有都一样。任何差异矛盾，都化解了。

有这种体会，也就自然发现它不是用“状态”可以描述的，而是我们最根本的本性。所以，它再也不会消失。这时候，假如还有个状态可以提，最多只会说活出“在·觉·乐”。但这其实也不是什么可以分享或值得分享的状态，毕竟我们就是它，跟我们自己分不开。只要用语言去表达，它又变成两个体，好像可以有“谁”在观察到“什么”。

有了这种领悟，一个人最多也只能说是圆满。他的生命场是无限大的，然而严格讲，他发现没有一个东西叫作生命场，更不用讲有个东西叫作脉轮。这本身还是在二元对立的范围，最多只是一个大幻觉。到最后，全部都要丢掉。

前面讲到螺旋场的作用，也可以解释无所不在、无所不能、无所不知的现象。因为无限大、无限快的螺旋场，本身就是“空”。

空，当然是无所不在、无所不能、无所不知，也就是到处都有空，没有一个地方没有空。空自然会带着我们头脑的意识，带着它扩大，扩

大到最后只剩下它。我指的“它”也就是真正的自己（Self），是全部。透过这个生命场，我们的意识自然会从相对扩大到绝对，而在这个过程中自然进入非时间的永恒——无所不在、无所不知、无所不能。

比如说，意识无所不知，不是在知识的层面，并不是在哪一个领域知道多少、达到什么地位，倒不是这个意思。其实，任何知识都是相对局限的，本身是有限的，严格讲也不值得去追求。假如连生命都是局限的，还有什么知识是放不下或值得追求的？所以，无所不知是心或智慧的层面。一个人要把全部知识放下，才是智慧的起步。

无所不在、无所不能也含有这个意思，最多也只是从相对走到绝对的层面。一个人要把所有相对的局部或“可能成为什么”放下，才能进入无所不在、无所不能。

14

短路，在经典留下来的记录

前面谈到五官打开的作用，其实也离不开脉轮的开启。不光如此，每一部经典都描述过这些现象，例如《楞严经》就谈过五十种境界或特殊的能力（*siddhi*）。

但值得注意的是，这些境界或特殊的能力在汉译的经典里被翻译成“五十阴魔”。这乍看之下会让人愣住：怎么会把五十种能力说成“阴魔”？

其实，这样的翻译是相当正确的，提醒我们这些变化还是离不开肉体或身心的转变，都不需要去重视。只要重视或注意力被带走，我们也就陷入了一个角落。虽然确实可以重复某一个境界，但是从里头也跳不出来。

经典里对五十阴魔的描述，已经完整表达了这里想谈的“短路”过程。其实还有许多其他的变化，只是我不敢在这里随便提出来，因为一般人可能认为很玄、很不科学。但是就我个人这一生所体会到的，这些不光是可能，而且都是可以重复的。

所以重点不是去分析、探讨这些状况，而是直接透过佛陀在《楞严经》

让弟子分享的二十五种圆通法门，用每个感官的不同角度来看，从每一个知觉、每一个认知、每一个瞬间，我们都可以找到一个出口，为自己带来解答的钥匙。

这样的钥匙一直都在，最多只是看我们想不想用。

讲到佛经，我们自然会发现佛经能出现在世间，这本身就是最大的奇迹。不要说北传大乘的大藏经就收集了两万三千多卷，浩瀚到一生都讲不完、读不完的地步，就连南传小乘，早期是口传，到 15 世纪才全部写下来的巴利文大藏经，也有好几十卷。大乘再加上小乘的经典，篇幅已经不是任何人可能在一生中完成的，即使有两百年的寿命也讲不完。这本身，也就是佛陀的大成就。

其实这么多佛经也不可能透过讲来完成，而是透过佛陀自己无限大的生命场、跟一体从来没有分开过的生命场带出来的一种共振，自然在每个角落都化出来一种法。

它不光是在人间每一个角落共振，更是用超过人间有时间先后的方式来运作。举例来说，《华严经》最初有十万颂，是由龙树菩萨从龙宫带回来的。当然，我们可以把这当作神话。坦白讲，这是一般人认为根本不可能的。但是，从我的角度来看，这完全不是比喻。佛经本身和它们传下来的经过，全都表达了佛陀的成就。

《圣经》也谈到很多奇迹，像耶稣能把水变成酒，甚至只用五个饼和两条鱼就把几千人喂饱，还施展了很多治病的奇迹，把死了四天的拉撒路从坟里救回来，这些本身也是一个人脉轮打开自然会得到的能力。因为螺旋场的速度和扭力大得不可思议，当然可以转变这个肉体，也就好像可以带给任何生命一个相对的短路。我们认为的奇迹，最多也只是反映这个现象。

但是，如果我们仔细读《圣经》会发现，耶稣从来没有强调这些奇迹，也不去分析，最多把它们当作是再自然不过的事实。感到惊讶的是门徒，也是门徒把这些现象记录下来，认为可以建立大众的信心，而把它们变成传道的工具。

道家也是如此，谈炼丹、小周天炼精化气、大周天炼气化神都是在表达脉轮打开的现象，但走到最后并不是透过这些转变来传承的。主张炼气的道家，最后说的也是“炼神还虚、炼虚合道”，而最源头的《道德经》也只是强调“道可道，非常道”，认为如果还有可以描述、可以表达的，都不是永恒不变的“道”。

也就是说，道家虽然承认有这些现象和变化，但也充分知道全部的现象和变化都要丢掉，一个人才可以轻轻松松停留在道、活在道、活出道。

我们仔细再找下去，各地的大圣人过去也用他们自己的表达方式留下类似的法。例如前面提到的冈波巴，他在苦修当中和密勒日巴大师对话，所讲的每一个状态、每一个境界都是在表达某一个脉轮的打开。

每一次密勒日巴大师都会慈悲地认可他，接下来再做一个否定。这就是表达——这些现象确实是修行者都会经历的，但是都不重要。他不断鼓励冈波巴往前走，将一切化解，而不需要肯定或否定任何东西。只是让一切来、一切走，让一切完成它自己的周转。

密勒日巴大师的教法，最多是在表达——不是这个，不是这个。也就是 *Upanishads* 中提到的，佛陀和其他大圣人也都采用的 *netti netti*——任何可以表达、可以分享的，都不是。

否定了一切，假如还有一个东西剩下来，还是继续否定……否定到最后可以留下来的，最多只是醒觉。

全部这些，我们都可以体验到。

但是，我在这里要再次提醒，重点是——不值得追求，因为是追求不完的。

15

心流，跟短路的关系

尽管我们读到这些变化，可能还是会认为这些都很遥远，跟自己一点都不相关，大概要费很大的功夫才能得到。然而，事实又刚好相反。

短路的种种现象，无论怎么用“功夫”去“做”、去追求，一样是“功夫”不来、“做”不来的。事实刚刚相反：一个人要完全把“做”或“追求”放下，才可能让气脉打通，接下来脉轮才能打开。

脉轮打开，最多也只是跟生命最源头的螺旋场，也就是最大的信息场、能量场接轨。没有阻碍，生命的能量才能流出来。假如有任何思考、念头，或“想”“做”“得”“到”，反而好像把它掐紧了，带来一层阻碍。甚至，还让我们要额外去克服这个阻碍，才能再让它不费力地流通。

我通过“全部生命系列”不断强调无思无想的状态，这种状态也称为“在”、非时间的永恒、根本、一体，最多也只是这样，要把念头挪开，我们主要的“在”的部分才会浮出来。所以，脉轮开启或不开启其实不是重点。

但是，确实有脉轮打开这回事。甚至可以说，如果脉轮不开启，我们就没有生命。而且，如果我们随时放松，头脑没有念头、很爽快，那么脉轮就是打开的、是通的，不可能是不通的。

我之前在《神圣的你》和《不合理的快乐》中谈了许多心流的现象，然而心流最多也只是脉轮打开。我才会说，无论在哪一个领域，任何人都要有创意，而创意是透过脉轮开启才能流出来的。

更有意思的是，男性和女性脉轮打开的作用不一样。女性的脉轮打开，比较容易用感受、感觉来表达她的灵感和领悟，男性则相当不同。有些男性认为自己一点都不敏感，其实只是因为左脑作用太强，而把感受的层面盖住了。对男性而言，灵感呈现的方式往往不是感受，而是一个念头——好像看见一个最后的结果、听见一个声音，或是很单纯地就是知道，就像还是循着理性可以理解的路径来表达灵感。

其实，从灵感来说，两性都是一样的，只是表达方式不同。许多男性误以为自己不敏感，但认真来看，男性其实和女性一样敏感。

这些灵感或信息并不是透过神经系统先后传达而得来的，而好像可以同步捕捉。大家听了可能会觉得很玄，但别忘了生命场也就是信息场。脉轮打开，和生命场一同共振，也就可以解释这种同步的现象，包括心流。

心流最多是无思无想，运作的时候，可能偏重某一个脉轮，并不一定是心轮。每个脉轮影响的物质领域不同，比如说，歌手或沟通能力很强的人只要放松，通常会从喉轮开始产生明显的作用。然而，画家可能是从眉心轮或顶轮等。每个人的体质、兴趣、受过的训练、背景不同，会产生不一样的作用。

心的脉轮要真正打开，相当不容易。我在“脉轮”这一章已经提过，一个人心轮如果真正打开，那么他看这个世界已经完全是合一的，全部跟他自己合一。只有一体，没有第二个、第三个体。爱，完全是大爱——倒不是爱什么，而是清楚知道自己只是爱。没有被爱的对象，没有自己去爱，更没有爱的过程。

我们的创意还是离不开物质的转变，或者说一样没有离开头脑的境界。我们最多是部分脉轮打开，或是在某一个符合自己过去的取向、熟练度或兴趣的领域有所成就。这样的成就，倒还不是全面的。

当然，光是在一个方面有成就，就已经是相当杰出的表现了。我在《不合理的快乐》中列举了许多无论在体育、艺术还是科学领域都可以看得到的、公认的天才甚或超级明星。

我过去也常常跟家长分享，每一个孩子本来都可以有这方面的成就。我们仔细观察，每个人都是在最轻松、最有乐趣的状态下才会在某一个领域有最大的发挥。只是现在的教育体系带来太多门槛和阻碍，让孩子和家长认为要有某方面的成就，必须经过很多培训和艰苦的锻炼才能得到。这种观念，对我来说，和事实又刚好是颠倒的。

我们也可以想见，假如开启的不光是一个脉轮，也不只是几个脉轮，而是整体，就像第 13 章用整体的光球所表达的，那么，这方面的成就会比我们任何人的想象都更大，完全不是所理解的范围能够约束的。

一个人全部脉轮彻底打开，最多是活出大喜乐、大宁静（涅槃）、大爱、大智慧，接下来他也没有必要在任何领域有所表现。对他来说，这个世界、人间、这一生全部都是大幻觉，当然没有必要在这些领域去特别发挥，甚至还要求突出的表现或突破。

他可以轻松放过这个世界，知道没有任何东西需要期待或需要修正。这个世界本来的样子就已经是完美的、完整的，不可能更完美、更完整。这种本来的完美与现实的状况一点都不相关。所以，在他眼中没有人可救，当然更没有一个世界需要拯救。然而，遇到状况，他自然会帮忙，自然活出最高的善意。

反过来，从另一个角度来谈，即使他认为这个世界不完美，认为外围的东西、事情或人物还有地方需要修正，但严格讲也是修正不来的。

首先，完美不完美还是个人的判断，而且再怎么修正，一切还是会变动。即使这世界偶然符合了头脑对完美的想象，从不完美变成了完美，也还可能又变得不完美。也就这样，反而会让我们耽误一生。

在这种理解下，其他人对他的期待、财富、名誉、地位，对他一点都不重要。但是，最难理解的是，他并不会去刻意远离财富、刻意要压制名誉或要刻意降低地位。有时候机缘巧合，他得到财富、名誉或地位，他也不在意。

此外，一般人看重的戒律，对他一点都不重要。

对他而言，刻意去戒什么或断什么，本身也是一个大妄想，甚至反而还造出矛盾，好像能够戒、断或出离什么就比较崇高似的。但事实是，戒或不戒、断或不断、出离或不出离跟一个人的圆满一点都不相关，也不需要去刻意追求。

如果真的要谈戒律，那么，放过全部的世界才是最高的戒律。这与人间讲的禁欲、断食、舍弃世间的因缘、专修或任何状态一点都不相关。

从脉轮的大圆满中，一个人自然能活出宁静。全部观念上的矛盾，也跟着一起消失。

16

水晶小孩、走火入魔等种种现象——都是螺旋场的作用

谈到心流、谈到下一代的未来，自然会谈到我们的全部潜能。我在“全部生命系列”不断提醒——我们的全部潜能无所不在、无所不知，是我们的本性，不需要去找，而且也不可能找到。最多，我们好像只能把它盖住，好像可以把它忽略一阵子。

假如读到这里，你还是认为有个东西可以“找”，我最多也只能说：不去把它盖住，是唯一可以找到的机制或方法，但是更正确的说法应该是——“让它自己浮出来”，这也就汇总了所有法门的表达。

假如没有一个完整的基础，我们通过练习反而会愈走愈远，会认为它是通过努力才能得到的。但是，就连这么讲，你也会发现这是不一致、不完整的表达。

毕竟，即使我们再怎么迷路，从真实来说也迷不了，因为它从来没有离开，没有更近，也没有更远过。再讲透明一点，你就是它，中间没有路好迷的。任何可以描述出来的“路”，反而最多是带来一种不需要的距离、不存在的区隔。

我在这里想用两个简单的实例，来说明这些变化本来是很自然的现象。

你可能听过靛蓝小孩和水晶小孩。首先，这几十年的小孩和未来的小孩，体质已经不同。地球频率的改变（我在本书中称为“螺旋场的加速”）产生的不见得是“好”变化，而更多是环境、社会、政治、民族对立一再升高。这些孩子生在此刻，自然活出前面谈到的多功能的五官，我亲眼看过不知多少孩子有所谓的神通或天眼。当然，这种说法最多只是在表达有某一个方面的灵感，而这些灵感不是透过五官所带来的，所以我们也会说是超感官知觉（ESP）。

仔细想，无论神通、天眼还是 ESP，都是突然跳出五官的界线而随时可以领悟或体会五官以外的频率范围。以眼根为例，我们肉眼所见的黑白、颜色甚或光谱，在物理上有一个相当明确的界定。然而，透过天眼，虽然一样还是眼根的看（观想，也是在看，在脑海里面看），却能够体会到肉眼所看不见的范围。

一般人会觉得很怪，因为从现代人所谓的科学，最多只能试着验证这些现象，但无法解释。再加上这些孩子多半内向，有些是自闭或过动，我们自然会排斥。

但从我个人的角度来看，即使是目前这方面最友善的科学研究，也只是请这些孩子一再地示范，希望通过不断重复而得到验证。然而，这完全是一个初期阶段的研究角度，是站在一种质疑的立场才需要这些孩子重复再重复本来最自然、最明显的现象，就好像完全不承认这些现象是我们每个人都有的。

更可惜的是，我们每个人都通过洗脑把它盖住，认定它不可能、不理性，甚至要先把它当作幻觉。用这种角度来审查这些超越五官的现象，表面看起来很客观，但是没有想过我们整个人生其实就是一个大妄想，而这些现象比起人生其他种种的幻觉并没有更为虚幻。

我常常开玩笑，我们自己就像一个精神病院的患者，看着其他的患者，非要认为别的患者比自己更疯狂或更不疯狂。

再换一个方式来表达，就好像我们在头脑投射的一个封闭系统里想得出一点证据，来证明这些从五官跳出来、超过这个封闭系统的现象是存在的。这种探讨的方式，本身就充满了矛盾。

当然，从另外的角度，年轻一代的这种转变也带给我个人和许多朋友对未来的希望。因为这些孩子比较敏感，知道一切都不那么坚固，他的人生观自然会选择和谐、共同生存，而不会重复战乱、虐待、争斗等人类历史上的残忍行径。也因为如此，我过去花很多时间，通过读经等项目，喜欢多接触小孩子。我知道他们还没有受到我们大人所经历的洗脑，意识的转变会比较快且比较直接。

还有一个现象相当普遍：人在静坐的过程，无论修止（*sāmāpatti*, *śamatha*）还是观（*vipassanā*），是专注还是放下（我在《静坐的科学、医学与心灵之旅》中都谈过），都会有气动或气感。有些人身体会突然开始动，也许是局部的抖动、摆动、前后摇或旋转。有些人是有气感、有异象，会看到、听到或闻到东西，口腔冒出甘露。这种种现象最多也只是螺旋场的作用，毕竟螺旋场是生命能或气（*prāna*）的根源，而气透过螺旋的轨迹穿过我们的身体，也就带来了我们所体会的气感。

这种气感或气流最多也只是在反映我们的身体哪一个部位或哪一个层面有气结、有阻碍，而气在经过的时候确实可能带来一些动的现象。这种“动”，我过去也称为好转反应。严格讲，其实连念头最多也只是反映气流。也就是说，头脑要有一个差异、有一个分别，我们才会有念头，而人脑的气脉通了，也自然就没了念头。

可以说，假如没有这个气的场，就没有生命，更不要说没有念头、没有这个身体的观念，也没有小我的观念。

一体本来什么都没有，也可以说它延伸出来的螺旋场是无限大、无限快的，是这个场慢下来，我们才有一个体、有物质。有了物质，比如身体，还不需要到堵塞或阻碍的地步，本身就已经是慢下来的螺旋场，所以我们也不需要去分析是哪个部位在动、在打通。

这些变化最多只是代表一种不均衡——也许是上下、内外、左右，或不同层面、不同体、不同场的不均衡。去分析，本身也没有什么意义。这些现象随着时间也会改变，都是一时的。

这样的解释既科学，对我而言也是理所当然、再自然不过的。但是，我也发现，无论再怎么解释，一般人还是会把注意力锁在这方面，甚至认为有“走火入魔”这件事。

面对这些朋友，我过去也提过，所谓的“火”或“魔”一样是念头、是头脑的产物。没有火可以走，也没有魔可以入。一切都是幻觉，甚至连人生也是幻觉。

但是，最遗憾的是，我讲我的，听的人还是想他自己的。

我相信就在现在或未来，有许多孩子不光可以完全理解这本书所谈的，而且已经透过他们自己的生命活出来了，不光是五官知觉的范围会变广，而且像是用眼睛可以听、用耳朵可以看这种跨感官的现象也会变得普遍。

对这些孩子而言，跨越左右脑理性和感性的分别，体会到无思无想的平安，从心流带出最高的创意，身体不费力地处于谐振的状态，随时身心合一，体会到脉轮的转变和扩大也是很自然的事。

对他们而言，自己的身体就像是一个神圣的殿堂、神圣的会所，随时从自己身上体会到丰盛和神圣，也就自然不会去计较别人有什么多的或好的。这些孩子其实已经从自己的生命推翻了人类竞争至上的价值观，甚至自然放下所有的价值观念。

对他们而言，活着并不需要成为一个出名的、有财富、有地位的人。

活这一生，最多也只是让心流带动着自己，依照各自的兴趣和特质，在哪一个角落都可以发挥他的潜能并能快乐一生。

他们也自然明白没有什么知识需要去重视，或还有哪些观念有什么绝对的重要性。一般人认为灵性和物质是两个世界，对他们而言并没有这样的分别。跟这些孩子谈善意的行为是多余的，他本身就是善意的，只可能做善意的事。

从很多角度来看，“全部生命系列”包括这本书，都是为了这样的一代而写。我希望可以留下一个指南针，让他们做一个参考与对照。毕竟，他们成长过程所经历的这些变化完全可能被成年人贴上异常的标签，而被彻底忽视。这个社会会不断地通过价值观洗脑，想把这些孩子带回通常所认为的“正常”，活出我们大人所认为的可能。

其实，我们不知道，这些孩子，包括一般被诊断为自闭症的孩子，都可能是某一方面的天才。只是我们不能理解，非要把他们当作异类不可。

最可惜的是，我们这些自认为正常的大人才是最严重的受限、严重的不正常。不仅自己从生到死都被洗脑，还希望把小孩子也完全洗脑，希望他们和我们一样，把受限的不正常当作全部的可能。

有一天，到了未来的小孩为主的时代，他们不会再那么执迷于知识，进入这本书所谈的智慧，人类才可能有大规模的醒觉。这本书所谈的种种超常现象，也就变成全新的正常。

我会用英文说“Living our utmost potential becomes our new norm”。接下来，活出全部的潜能，也就成为我们新的常态。人类的整体，也就随之转变。

17

绝对延伸的生命场

我前面谈到心流、生命的螺旋场和短路的概念，来描述绝对跟相对之间的互动。这样的互动所带来身心短路的转变是相当大的，而且大得不可思议。

在这本书中，我已经提过“质变”（transmutation）的观念。现在可以用前人谈过的三个类似的词——transformation, transfiguration, transmutation——将转变的观念做一个整理。

第一个 transformation，我过去译为“转化”，是表达行为或价值观念上的转变，也可以说是“法身”（*dharmakāya*）的成就。一个人好像突然变成不同的人。他对事情的反应完全不一样，从聪明走到了一个智慧的轨道，从“做”的范围突然滑到“在”。

Transfiguration，我在这里先译为“形变”，指的是整个身心、每一个体、每一个组织、每一个部位都跟着改变。而我在这本书提过的“质变”（transmutation）则是更彻底、更广泛的层面，是连化学、物质、分子的结构都跟着改变，就好像变成另一种物质的体。

一般佛教谈的“报身”（*sambhogakāya*）的成就，就含有这里所谈的

“形变”和“质变”的概念。佛教还有一个“化身”（*nirmānakāya*）的成就——不光是无所不在，也含有无所不能、无所不知。意识不光能从我们的肉体跟一体融合，从一体也可以延伸或化生到任何局限的范围（我们一般讲法界），希望可以帮助或渡化众生。

化身的成就其实含有最高的慈悲，虽然知道一切、小我、世界都是幻觉，是幻觉的众生，一样舍不得留下他们，还是每一个都想渡，都想带着回到一体。耶稣则化出一个统一的体（universal body）——基督，通过基督的化身来为我们讲课。

其实进一步讲，化身最多也只是肯定我们每一个人就是它，而这个“它”指的是完美、圆满、一切、一体。

当然这些观念最多只是一种比喻，是为我们二元对立的头脑所讲的，还是从二元对立的逻辑在看一切，才会有一个法身、报身甚至化身可谈，也才有一个佛陀、基督、神圣的法可以谈。反过来，站在一体或是站在佛陀或基督的角色，这本来也就是我们真正的角色，是我们每一个人都有的。

然而，其实什么都没有。

一切老早都已经完整、完美、涅槃。

除了自己，其他什么都没有。

任何东西，只要我们可以称为“有”，其实是不存在的。

真正存在的，是不允许用“有”来称呼的。

所以，讲到最后，没有一个人扮演佛陀或基督的角色，也没有一个对象可以教，更没有一个过程，甚至也没有一个世界可救或没有众生好渡。

一切，老早都是平安的。

修行，到最后也只是体会到这一点。

但我相信，你会发现连这句话都不正确。至于不正确在哪里，我相信也不需要再多谈了。

假如你可以接受这些观念，可以体会生命场带来的作用，也就自然会发现：一个人在这一生如果想要彻底地短路或醒觉，他最多只需要停留在绝对所产生的生命场，倒不需要到各地去参访，也不是修哪一个法门或练习就可以带来什么突破。

因为这些还是从外在想取得内心的成就，是不可能的，也就好像身处局限而不断地想跳到无限，或从相对想滑到绝对。我不光在这里，在之前的作品里也一再强调这是不可能的。

是这个肉体、身心完全臣服到无限和绝对，让无限和绝对不光浮出来，还占领一切。短路再短路，我们才可以活出这个状态，而活出来的不是“我”。

只要还有一个“我”、一个个性、一个客体可谈，那我们还是在相对的领域打转，还是通过头脑在看一切，包括看这方面的领悟。

其实，一个人要彻底短路，这条路比想象的更简单，因为它不能用一条路来形容，所以走到最后，是没有法的法、没有为的为、没有路的路。

一个人最多只是停留在一个绝对所带出来的生命场，而绝对所带出来能量最大的生命场也就是一个老师彻底领悟到绝对。绝对，就像一个高电压、高位能、高能量的照明，借由这个老师照亮这个世界。就好像他不光本身是个扩大器，也是个吸引器，从无限大的层面，让生命能量集中、浓缩到一个局限的体，也就是他自己，而借由这个体转出来。转出来的也刚好是外围生命需要的安慰、爱、心、平静……这本身就是最大的恩典。

这样的老师不一定是人，可能是任何形式，甚至可能是一朵花、一只鸟、某种矿物……刚刚好是我们那个瞬间需要的。

但是，只有人可以发挥一种永续的转达的作用。因为其他的生命或非生命没有领悟或意识转变的观念，对我们人类的作用比较有限。也因为如此，从古至今都有一种说法：这个短路的传承是通过生命的亲传（live transmission）实现的，而且是从来没有断过，不可能断的。

因为道、心到处都有，不可能没有，只是偶尔有一个人身做了一个更新或反射，让一体或绝对可以完全照出来，没有一层阻碍，而让它可以像短路一般瞬间大量地流出来。

所以，最快的方法其实非常简单，就是跟生命场接触。

这其实是古人留下的最珍贵的法，只是以我们现代人头脑的聪明自然会质疑，会认为不可能。所以，一般人讲究的反而是法、内容，像是某句话有什么意义、力道或作用，所注意的都集中在二元对立的内容上，却没想到要跳出二元对立或内容的范围，一个人才突然可以接受老师带来的生命场。

举例来说，表面上每个人都懂“觉”，但一做或一分享都在谈“觉察”，觉察到什么内容，而不是理解什么是轻松、不费力、最纯的觉。

其实，觉什么不重要，只有觉本身重要。

只是因为大家认为不可能，还要不断把自己带回一个局限的范围，却没想到只要觉察到“某个东西”，这个“东西”已经把我们带回人间，而让我们投入这个东西的因果，自然让我们离不开这世界因果的运作和流动。

讲到这里，我要再进一步提醒：其实，最好的老师是你自己。

我们心中有一位上师在等着你我，而这位上师就是一体、绝对、在、心、佛性、道……假如一个人懂得什么是沉默，而进一步懂了什么是觉，这位上师自然比任何一位老师能更直接、更有效率地把你拉回到心。

我才会常常分享，“全部生命系列”的作品最多只是在准备让你找到一位好的老师——无论人类的老师，还是其他形式的老师，或是每个人都有的内心的上师。最多，也只是这样。

但愿，你在这个过程已经得到了意识的转变，降低了个人的阻碍，接下来，接受生命超乎想象之大的恩典，让你通过这种恩典体会到什么是短路而活出短路。

但是，即使我说了这么多，可能你还是不相信，还要继续走冤枉路，认为这不可能。甚至，因为它简单到一个地步，而认为不是如此。

我们都没有仔细想过，其实一切都是颠倒的。毕竟，假如一个东西很难懂，要有很多动作，还分成很多层次，反而才是靠不住的，因为这要通过条件、通过制约才能取得。它会出现，接下来也会消失。

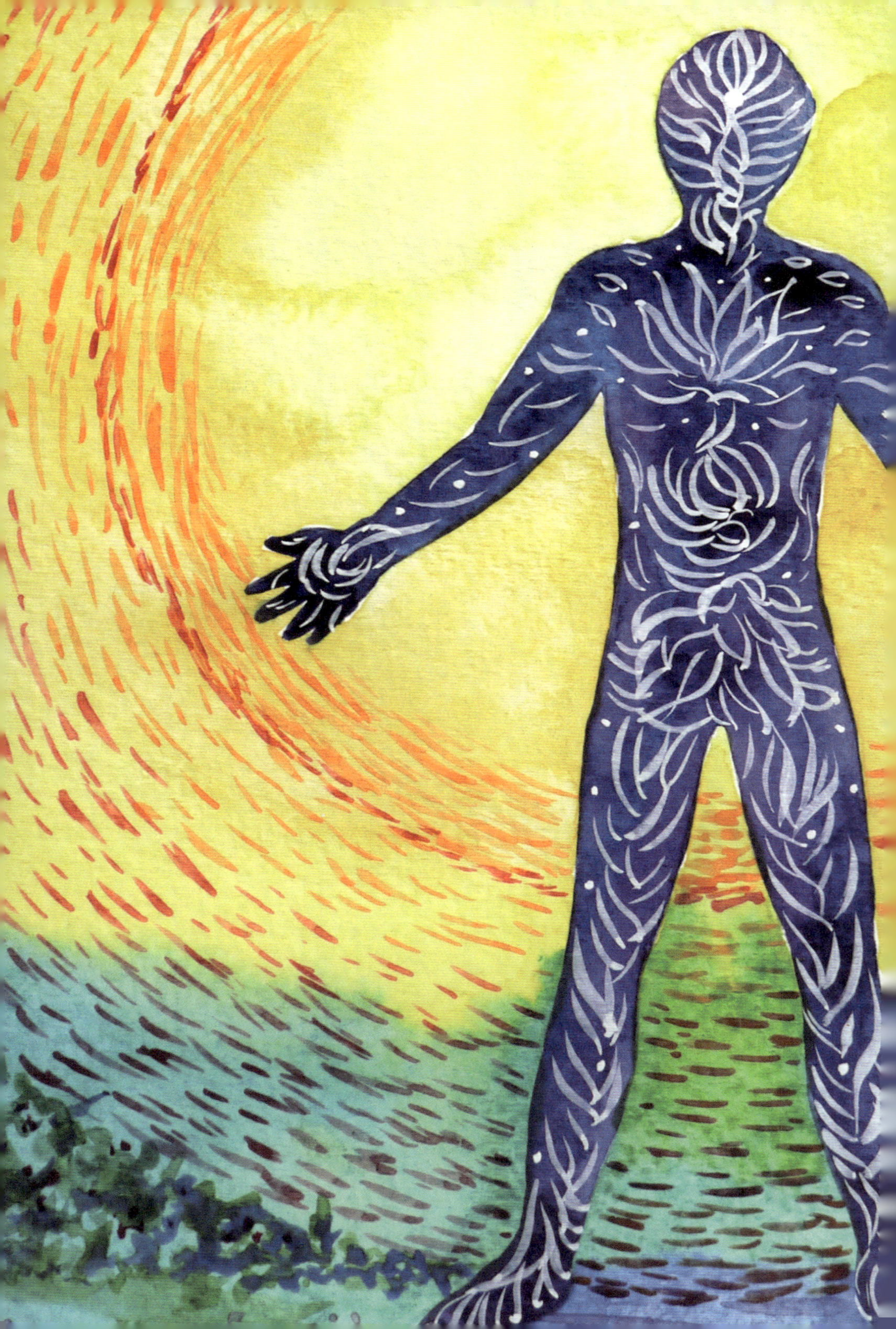

18
内心的力量，远远更大

我在“全部生命系列”的作品中，用了相当多的比喻来表达本来表达不出来的观念，包括这本书的书名“短路”所想表达的，就是既没有办法表达、不需要表达，也是不可能描述的。

我们的脑是通过局限才可以形成语言和思考的，所以任何比喻的作用最多也只是让我们可以想象，在脑海里可以成形，因此可以做一个理解。这本书前面提到的螺旋场，甚至我在《神圣的你》中提过的圆满场，一样还是比喻。不过，因为这个观念太重要，我在这里想再用一个比喻来贯通这本书想表达的。

我用《时间的陷阱》中的插图出现过的龙来表达我们生命最原始的力量，也代表我们的生命场，或说生命的螺旋场。

我们每个人只要往内投入，自然会发现内心有一个力量，远远大于我们从外在可以找到的。这股力量就像一条龙，比我们肉体可以产生的力量更大，随时都在等着我们找到它。

但是，我们非要往外看，在周围追求，也就一直看不到它。甚至，不知道我们其实就是它、就是一切。

我们的潜能是无限大的，只是自己始终不相信。因为你我都停留在头脑念相的世界，自然一切都带来一种对立，不断用头脑思考的逻辑来衡量一切，而限制了整体。

借助“全部生命系列”带出来的练习或你个人的练习，我们偶尔可以看到内心的这条龙，而稍微体会到什么是人生的无常，也知道这条龙或我们的内心是永恒的，随时在等着我们。

这种突然的看到，带给我们一个几乎是脱胎换骨的转变，会让我们不断想追求它。这时候，龙就浮出来了，希望我们臣服它，等着我们跟它合一。但是，这样的转变太彻底、太大，要让我们把这一生所积累的知识和价值都丢掉，而我们不可能就此彻底断绝小我，自然也就会产生抵抗。

最彻底的抵抗就是——我们随时回到现实，就把它忘记了。表面好像都懂，但是一回到现实、处理事，也就忘记领悟，回到无明。

然而，我们同时又知道这个内心的力量是无限大的，好像随时想把我们吞掉、消融掉，所以在人生不断的失落和伤痛中又可以体会到它想把我们拉回去。但在这时候，我们不可能把自己完全交出来，不可能臣服，不可能跟它合一。

就像这张图，人还是会选择抵抗——抵抗这条龙喷出来的火，抵抗这超乎想象的能量。

有趣的是，我们认为自己可以抵抗它、挡住它，就像我们会认为在现实中需要坚持自己的看法、追求自己的理想，看看能不能改变甚至拯救这个世界。我们相信只有这样，才可以把人生的意义找回来。

但我们不知道的是：这么做，首先是挡不住业力，应该说是挡不住我们内心的拉力。我们连手都烫焦了，自己还不知道，也就只能再这样继续活一辈子，错过人生宝贵的转变机会。

我们也可能通过种种状况，也许是人生的不顺、挫折、失落、绝望，更明确地体会到无常。我们会不断想起它，想起内心的力量，想起这条龙并想跟它接触，想臣服于它，也就发现它其实已经变成最宝贵的一个工具。

我们可以运用它，想跟着它走，自然想跟它合一，就像第二至第四张图所画的想爬上龙的脖子。一开始不太顺畅，我们很容易从它身上再跌下来。只是，这时候自己已经清楚了，所以会想抓着龙不放。

我们知道它比什么都重要，甚至比现实中任何事都重要。就算我们还是反弹、还是昏迷、还是期待、还是追求、还是不满，但是反弹的频率愈来愈少，所以还是可以随时回到内心的龙。我们自然也会发现很多事不光不用管，也管不了，接下来也就可以放下，放过这个世界。

不知不觉，我们发现放过世界变成自己最普遍的状态，也就随时能活出这个内心的龙。我们发现自己就是它，并跟着内心的力量走，碰到再困难的事自然也都可以克服。内心的力量远远大于头脑任何刻意的规划，我们突然变得什么都不怕，不光是天不怕、地不怕，而且不怕生命、不怕生死，甚至不怕自己。

生死还是一个相对的运作，是把一体、全部、绝对通过我们的头脑局限到一个很小的范围，经过比较才可以得到一个“生”“死”或是“改变”的印象。假如我们把这个小小的相对交给全部、交给绝对，也就只是肯定一个再明白不过的事实。这个事实最多也只是承认——绝对的力量，远远大于相对的小小力量。

即使我们不承认，其实也没有用。事实本来就是如此。相对、生死的生命早晚也只能回到、融化到绝对之中。所以，什么叫作生、什么叫作死，通过这个内心的力量都不需要再去区隔，这反而让我们可以不费力地度过过去认为的难关，甚至大大小小的灾难。

有些事，我们过去可能认为是危机，甚至本来是走不出来的失落，现在借助内心的力量，通过这条龙，发现一样可以轻松地度过。甚至，我们会懒得用“度过”这两个字来形容这个过程。

一个人也自然发现，不光没有什么叫作度过，就连之前的难关或危机都是自己投射出来的。不需要刻意去转变它，生命最大的力量自然会带着我们走下去。走的路表面看来没有什么规律，却刚刚好是我们需要的。

这时候，即使头脑还会质疑，但心里会明白，每一个瞬间刚刚好是我们需要活过的。我们也就臣服于这条龙，臣服于内心的力量。

生死、肉体，跟真正的自己不相关。它来，它走，都不相关。它要做，就让它做。它不做，也就让它不做。这一来，一个人自然可以放过小我，不需要责备它，不需要批评它，不需要刻意转变，不需要培养它，甚至也不需要否定它。它存在或不存在，跟我们真正的自己一点都不相关。

我们最多稳稳坐在龙的脖子上，顺势跟着它走。每个动作自然愈来愈流畅，就像熟练的舞者在跳舞或画家在画布上挥洒。我们自然发现连“谁”在骑也不重要了，甚至连骑的动作都已经没有了。

我们只是顺着走，走到哪里也不重要。这时候，我们自然发现轻松进入“在”或 *turiya* 的状态。

我在这里用龙来比喻内心的力量，其实还不足以充分表达。毕竟无论用多大的力量、多大的物体来形容，本身都受到局限而一样离不开相对的范围。

比较贴近的表达应该是——“空”。只有“空”不可能被任何东西限制，而它包含全部的潜能，“空”就是我们的本性。但是，讲到“空”，我们的头脑很难想象。所以，我还是用“龙”来表达内心的力量或是生

命的全部潜能。

接下来，不知不觉，我们自然会发现，连过去所认定的一切，包括这个小我、这个龙、这个宇宙、世界，全部不存在，都是大幻觉。

其实，什么都没有。连这些图画的天空都没有。没有哪一个现象存在。

过去存在，最多只是对头脑存在。假如没有头脑，当然也就没有一个东西可能存在。

这时候，一个人自然活出全部的自由，连一个影子都不想留下来，连一个足迹别人也找不到。他跟现实已经完全不相关。

但是，因为在人间还有一个过去带来的身体，通过这个身体有时候舍不得看到外围的无明，所以自然还是会通过这个身体做一点善事，希望大家都可以体会到真实。

做完了，也就可以摆到旁边，而不会想留下一个法或一套法门。因为“法”本身还是离不开相对的范围，也离不开头脑的运作，所以最多也只是一个妄想。

最后，只有平安，而且是平安到底。

甚至，连涅盘这两个字都变成多余。

沉默，也是多余。

欢喜、大爱……更是多余。

在、一体……一切还是多余。

这么说，接下来还有什么可谈的?

19

观念脱落，彻底的短路

我相信，读到这里，你大概已经猜到，我真正要谈的其实是内心的短路，而不是在谈肉体、神经或其他系统的短路。

那些对我来说，还是比较小的短路。

真正彻底的短路，还是要从情绪和思考的范围得到转变。短路，其实含有一种放下的观念。我指的放下，是全部观念的放下——全部的价值观都要消失或转变。这种短路，才是彻底的转化。

过去全部的观念，我们都要认清还是头脑的产物，是我们受到制约、通过洗脑所积累下来的，包括人与人之间的看法，对环境、对一切的观感，我们自然要做个修正，包括什么是真实、什么是不真实，什么是人间、什么不是人间，什么是有意义、什么是没有意义……全部的观念都要解开。

想不到的是，一个人只要不断否定眼前所看到、所体验的一切，自然会发现自己过去全部的观念，无论是文化、知识、家庭甚至做人的观念，都还只是个制约。他也自然会进入我之前所表达的，就连我们一般人所含的人类的特质，通过短路都要丢掉。

彻底进入短路的状态，会发现随时停留在一体、融入一体，自然会消除全部观念，而且没有任何观念可以起伏。这种短路是从内心一层一层把观念、模式、习气、制约打破。这种净化其实比我们可以体会到的肉体层面的变化更大，我称之为一种脱胎换骨的转变。

所以，讲到最后，短路指的是在更深层面彻底的转变。不用担心，我们的肉体自然会有所表征，让我们好像有一个指标可以体会。这些指标最多只是为我们建立一点信心，体会到最内和外在的层面是相连的——是通过内在彻底的转变，外在才跟着转变。

这个观念，当然又跟一般人想的颠倒过来了。

还是有很多朋友认为，只要下功夫在身体的层面修炼，也许是静坐、瑜伽、气功或其他练习，就可以转变身体，而接下来让心也跟着转变。然而，事实是刚好相反的，是内在先转，外在才跟着转。甚至，内在转了，外在转不转，也不是那么重要了。

在这种不追求、不期待的状态下，一个人会发现其实外在转化的速度反而特别快。但转化什么，也不重视了。这是一个短路的观念。

就像《全部的你》这张图所指出的，人是多层面、各种体的组合，是要一层一层让身体、家庭体、文化体、社会体、民族体、地球体、人类体的制约脱落，我们才有资格谈“短路”。

就像《不合理的快乐》中的这张图，修行的过程就像是把洋葱一层

层剥开。到最后，我们最难理解的是，就连最基本的认知都已经带着一层过滤网。在这个层面其实没有单纯的认知，都是头脑的投射，已经落在一个二元对立的状态。

所以，无论我们体会到什么，都可以放下。

其实是短路自然来短路我们，短路每一个念头、每一个境界。

最终一个人发现，真正要醒觉，最多也只是下这个决心——不费力地醒过来。这个决心跟做什么都不相关，跟数不完的苦修、多少辈子的追求更不相关。

醒觉或说彻底的短路，是完全不费力的。

只要我们在它上头再加一个观念，无论怎样的认知、体验、体悟，本身已经为它加了一层不需要的膜，而接下来好像又需要像剥洋葱一样将它一层层剥开，还要加上数不完的层次和步骤。

虽然这些话可以说是最容易懂的，连一个小孩都可以听懂、可以做到，但我们人类就是不可能把这一生从出生到现在所积累的所有观念放下，也就自然把它变得复杂，还为自己和别人带来数不完的压力、痛苦和失落。

我很有把握，有一天成熟了，也许百年、千年甚至万年以后，未来的人，读到这几句话就会有很深的领悟，会发现“全部生命系列”讲的每一句话其实都没有夸大，都可以拿自己的生命来验证。

假如没有这种笃定，我今天也不会用这么多不同的作品来表达这再明白不过的真实，而只怕你我还听不懂。

但是，你只要懂了，在这个瞬间就会突然发现，我所说的跟古人与经典留下来的都完全一致，自然也会通过“没有做”而不费力地将人生告一个段落。

当然，连这些话最多也只是一个比喻。

20

短路到无我

假如我们可以让短路的经过从外在彻底渗透到每一个观念，让每一个观念没办法起来，自然会发现“我”也没办法起来，一个人也就不知不觉进入“无我”之境，而体会到过去所讲的将“我”断根最多只是一种比喻、一种表达。

一个人只要随时让短路出来，其实就是在断“我”的状态，因为本来就没有一个“我”。

“我”不存在，没有一个独立的存有。

因为“我”根本就不存在，我们也不需要刻意去解除它，更不需要去在意偶尔有个念头或还有个“动”的观念就会阻挡短路。小我即使偶尔浮出来，也完全没有矛盾，本来就一点代表性都没有。

这时候，不需要再刻意去忏悔或认为自己少了什么，甚至还去检讨。

其实，什么都不用。

我们如果懂了这些，看穿这个小我，自然一体也就浮出来，又回到短路的状态，接下来自然发现什么都没有发生。

短路浮出来或不浮出来，一切都还是一样。

小我在人间运作，运作完之后也没有损失什么。

什么都没有，也没有失去。

知道了，自然让一体、让全面浮出来，而又回到短路的状态。

这样，一个人不知不觉懂了，每一个瞬间都可以自然领悟到这些，一切矛盾也就自然消失了。

他没有离开过短路的状态，也没有必要再刻意去找它，最多只是一个清楚的领悟。

领悟到什么？

领悟到——

什么都刚刚好，一切都是完美，一切都是空。

短路，自然就浮出来。

所以我才会说不需要断根，因为它本来就没有根，是不存在的。

我们最多只是让短路浮出来，让一体、“在”随时浮出来。

在每个瞬间浮出来，一个人自然就没有“我”可以起伏。它本来就是消失的，不需要做一个消失的动作。

一个东西本来没有，根本没有必要去消失，也无法消失。

这么一来，一个人每个瞬间都清清楚楚地活出短路，并发现不光没有“我”，每个瞬间也就连起来变成永恒。

没有一个“人”在活这个瞬间，也没有一个瞬间被观察到，因为每一个瞬间跟每一个瞬间断开了，反过来好像也就从另一个层面连起来了，成为永恒。

这个表面上的悖论，是我们一生或许可能解答的最大的一个矛盾，而每一个人都可以活出来。

这种短路，才是我这本书想谈的。

我们要问的是，假如一个人彻底没有了“我”，在现实中还可能生存吗？可以做事吗？可以服务吗？还可以有所贡献吗？还是就这么发呆，什么事都不去做，也不去管，变得一点用都没有了？

我过去几乎没有遇到人问这个问题，我知道，一般人首先不可能相信有个“无我”的境界。既然他认为这种现象不可能，根本就不会有什么问题可问。

但确实有个“无我”的状态，而且一个人什么都可以做，还样样都做得最好，甚至发现既然任何观念都离不开小我，也就都可以把它清清楚楚放开。

走到最后，连这个生命想通过呼吸或心跳去守住，都是多余的。

这么一来，发现这个身体完全可以自己运作，跟“你”完全不相关。

这个身体该呼吸就呼吸，该放下就放下，该做事、该吃饭、该上洗手间都可以做，而跟你真正的自己已经毫不相关。

呼吸、不呼吸，生或死，一点都不重要。

这时候，还有什么“我”可谈的？

这是比较不可思议的。

在一个无我的状态，最多是把“我”不断臣服、不断交给生命，交给真正的自己，让这个生命的螺旋场通过短路带着我们走下去。所以，碰到任何事其实都可以处理，而且处理得更稳重、更妥当、更周到、更完整。

这一点，我认为才值得大家反省。

其实，它是追求不到的。所以，刻意去达到无我也没有用。我们最多是把小我放过，不要去在意我们过去有没有做过什么好事、坏事，甚至有罪或没有罪。

这些都不重要，并且都已经过去了。

我们最多只是把握每一个瞬间，知道一切跟我们真正的自己都不相关。就这么简单，从一个观念的转变，一个人不知不觉进入生命的螺旋场，让这个螺旋场不断短路我们。

如果我们用剧本来比喻人生，也就是不再出演之前那个由业力、制约所带来的剧本，而是突然把自己完全交给生命，让这个生命场不断来短路我们，就好像过去的人生剧本全都可以摆开。

甚至过去所活出来的一切，我们都可以接受，都认为是刚刚好。那么，接下来要走的这一生如果还有剧本，也就好像是一个人在人生中一边走一边写的。

假如可以做到这样，会相当有意思。我们会发现什么都新鲜、什么都不重要、什么都好。任何可能，好像老早都已经活过了。接下来每一个瞬间，我们只是一边走一边写下这个剧本。

而“无我”也就是来表达——即使没有念头、没有思考，其实还是可以写一个人生的剧本、人生的故事。只是这个剧本、这个故事，跟自己过去期待的、别人期待的一点都不相关了。

我们自然会发现，眼前的美、不美、好、坏各种分别全都是自己头脑过去投射出来的。这么一来，没有一样东西重要或可能跟真实的生命相关，我们全都可以放开，都可以让它自己消失，甚至写不写这个人生的剧本也不重要了。

进入这种短路，身体再有什么变化、

身心再有什么转变好像都不成比例，而我们会感觉到好像在一个幻觉里面。幻觉里有了一些变更，也好像都不重要了。眼前所活的，好像完全都不相关。

这样，一个人突然通过短路知道什么叫作沉默，甚至是大沉默。

就好像我之前用的比喻，我们会在暴风眼中突然发现有一种宁静，但这个宁静不是“没有”，也不是“静止”，而是有相当大的潜能。这个潜能的扭力是无限大的，从这里面一切可以延伸出来，一切都可以消化，但从另外一个角度，一切都不在动。

这本身，也是我们每一个人都可以活出来的。

21

大短路 Short-Out or Bliss-Out

前面提到心流、提到脉轮，我也在其中用“圆满”或“圆满场”来表达我们的本性。我认为这一点太重要了。如果我们本来是不圆满的，自然可能还要到每个部位一一去追求转变，甚至要一次一次来到现实体验，想通过这些转变和体验得到一个本来不是的东西。

我们一次次来现实要体验什么？体验到的只是二元对立，再延伸一个人生的故事。通过这个人生的故事，我们最多只是学到一些自以为有意义或是有重要性的念相。但是站在整体，其实一点都不相关。这一趟，最多只是在延伸自己的无明。

与其如此，还不如直接承认我们本来就是圆满的，最多只是忘记了自己的本性。

也许你还记得，我在《神圣的你》中曾经用这一张图来表达生命的螺旋场与我们个人的关系。生命的螺旋场其实到处都有，没有地方没有。反过来，也可以

大短路 Short-Out or Bliss-Out

说它根本不在哪里存在。

这种表达，表面看来好像很矛盾。毕竟，怎么可能有而又没有呢?

其实，这个矛盾是头脑自己带来的。因为我们有这个头脑，认为这个身体是坚实的，才有一个东西叫生命的螺旋场。但是，只要我们可以诚恳地面对这一切，自然会发现我们可以表达或想出来的，没有一个东西可以真正独立存在。

任何东西，我们可以想到、看到、体会到，还是通过制约、二元对立的脑化出来的。所以，对我们的脑，当然有东西叫作螺旋场。但是，只要我们诚恳、臣服，把自己交出来给一体——真正的自己、无限大的自己，我们会突然发现自己不光完全活在生命的螺旋场，而且这个生命的螺旋场是这一生最大的力量，可以带我们渡过任何难关，最后带来最好的结果。所带来的结果，也许不见得是头脑眼前想要的，但在整体是必然而且是最自然的。

我过去提到参。参什么?

参自己，真正的自己。

参，本身最多只是提醒——自己本来就圆满，没有缺少任何一样东西。参，只是提醒我们——本来就是它，就是一切。

我用螺旋场的比喻，让它穿过一个人的身体表达的是——接下来没有“谁”可以作为主体，不光没有任何动作的对象，最后连一个“做”的动作都没有。

这么一来，一个人就大解脱了。

不过，我们只要还有这个肉体，自然会发现化不掉这个肉体。这个肉体是过去业力的组合，我们承认有它，本身也是承认有业力。这时候，一个人最多只能不反弹，对一切都可以放过，对眼前的业力、人、事、物都不去肯定，也不去否定，更不用讲没有期待，也没有什么想转变或得到的。

通过这种不断地领悟所产生的“短路”，是人们不可能理解的，也不可能跟任何人分享。因为分享不光是落在一个理论的层面，还要假设对方有同样的经验，所以一个人最多只会投入宁静、投入沉默。

每个瞬间停留在沉默，他就活出大欢喜、大爱、大平静。我之前在《不合理的快乐》中也用下面这张图来表达——一个人懂了这些、活出这些，最多也只是轻轻松松存在。

他接下来已经没有一个短路的概念，也就没有产生一个梯度、一种差异。因为通过他，一体已经短路到底，把每个细胞都贯通，没有一点阻碍。

从身体、以太、星光体、情绪体、思考体（理智体）、宇宙愿心体、宇宙觉知体、灵性体……任何体都完全达到平等，没有什么压力差让意识或生命的力量流过去，这才是大的短路，是我们一生要来体会的。

这种体会，是人生唯一可以说比较重要的目的（假如还有一个目的可谈）。

就好像一体用我们做一个反射，反射什么？反射自己。

我们最多只是一面镜子，不光是一体的镜子——可以轻松反射它的美，它最原初的智慧和聪明，也自然变成别人的镜子。每一个人跟我们接触最多只是反射自己，但反射的是每一个人真正的自己。

当然，外围的人可能免不了有对立——其实这就是我们大家一般的情况。所以，人们看到的可能最多只是反射他的小自己，倒不见得可以了解这种超乎想象的能量状态，但很妙的是，好像他反而会领悟到更深的心的层面。

虽然头脑不断有矛盾，认为不理性、不存在跟自己的生活一点不相关，不符合自己认定的常识，但是在更深的心的层面已经受到感染，而会不断地想追求。

我大胆地说，这种感染是永久的感染。很多朋友受到感动，虽然在种种因素的影响下，可能一忙碌或遇到周围的喜事或坏事也就被带走，但从我个人的体验，他总有一天还是会回来追求这个真实，哪怕要到最后一口气——这是他怎么也避不开的。

我通过"全部生命系列"所表达的，其实是我们的本性。我们不用做什么，不用费力，我们就是它。只是我们固执地不承认，非要把全部的注意力投入狭窄的范围，要拿生命的全部交换这么一点点人生。

我才会说，"全部生命系列"包括这本书所带来的就像一支箭，在你心上刺了一个伤口，而这个伤口永远不可能愈合。

心，打开了一个洞。通过这个洞，你可能会找到解开全部人生的钥匙。

活出短路。一个人不需要再去顾虑这一生还有什么可以追求或留下来的好事或成就。他清清楚楚知道一切都是为了方便往前走，倒没有什么目的，更不用讲有什么短期的目标。一切，顺其自然。

一个人这时自然发现，什么都变成了他可以用的工具。这些工具，最多只是拿来帮助别人达到同样的转变。用完了，他也就把这些工具丢掉，不会在意有没有留下一点痕迹、一点影子。因为他彻底知道，真正的短路不可能用身体哪一个部位的感受或变化来表达。连这个肉体、小我都不存在，还有什么必要特别从哪个部位去得到短路?

他彻底知道，就是因为小我不存在，我们才有机会解脱，才可以醒觉。假如还认为小我存在，要解脱或醒觉是根本不可能的。

我相信你已经发现，这里讲的“短路”和“定”是完全一样的。

前面谈身心短路带来的转变，跟小定一样，还在一个专注或合一的层面。我们身心合一，进入无思无想之地，自然把每一个部位彻底净化而有许多现象可谈，但这些都还不是真正的定或真正的短路。

大的短路和大定一样，是不费力地不断肯定一体，彻底知道自己本来没有跟一体分开过。最多需要“做”的，是每一个瞬间不做，只是轻轻松松存在，让这个生命圆满自己。

最多让我们发现，本来就是圆满。

只有这样，一个人自然进入大短路，通过大短路跨过前面所讲的全部现象，不会重视它们。但是，他也同时知道，只要还有身心肉体的观念存在，小短路还是会不断地打开。

最后，我还是要提醒，前面提到，一体用我们反射它自己。这句话，认真讲最多也只是一种比喻。

一体其实不用想，不会看着自己，也不需要反射自己。

一体外，什么都没有。

连讲这个“一体”，最多是代表一切都是圆满。

只要我们提到一个东西或提到反射、看、不看，本身又回到了二元对立。站在一体，什么都没有，只有自己。

所以，它不需要，也不可能反射到自己。

这也是我们的头脑最难懂的。

22

业力的转变

全部这些变化，对我其实最多只是代表业力的转变。

我曾经一再提到，只要我们认为世界是坚实的，对我们来讲，业力其实存在，而且一切都是安排好的。

我也提过身体疾病在疗愈过程的好转反应。疾病要彻底疗愈，自然会产生好转反应。在好转的过程中，症状就像录像带回放而有一个浮现的顺序。这个观念其实可以帮助我们了解业力的转变。

我们本来是一体，但经过头脑化出来一个具体的生命、一个世界。这个人生在二元对立的范围内运作，不断延伸它自己。

我过去用光来比喻一体，一体无所不在，就像图里画的本来到处都是光，却从某个角落延伸出一个分别的世界，而且愈陷于角落，分别愈大，境界也愈具体。

仔细看，现代的知识愈来愈细、愈来愈精确，这就是人类文明（尤其科学和科技）发展的方向。一个人假如体会到短路，不断地回到一体，自然发现要走的其实是回头路或说回转的路。

其实我们从来没有离开过一体，是通过头脑把它忘记、盖住了才会冒出来一个修行的观念，就好像还要经过各种努力、追求才可以把它找回来。

如果生命场带来的人生用图里的螺旋来表达，那么修行最多是一个和人生反方向的螺旋。一般的修行，表面上都在练习或苦修，但真实是练习不来、苦修不到的。我们最多只是回到本来就有的部分。正是这样，我才会说这是反复或反转的工程。

反转什么？

其实最多也只是业力。

这么讲，其实没有什么可以做的，我才会说“全部生命系列”是没有路的路、没有修行的修行、没有解答的解答、没有解脱的解脱。

过去，我在《神圣的你》中用一个个画框来表达瞬间和瞬间之间的关系，后来也不断提到一个人通过参，加上臣服，自然会把瞬间拉长，甚至变成永恒。瞬间拉长、变成永恒的意思是——瞬间和瞬间当中再也没有区隔，这也就是我谈过的 eternal now（永恒的现在）。

这本身就打断了二元对立所带来的联结。

我们平时讲话、沟通，都在强调一个意思，才能带来一个意义。假如瞬间变成永恒，随时落在一个绝对的层面，它产生不了意思，也没有意义，也就是二元对立不起来。只要二元对立不起来，随之而来的意思、意义、业力已经被打断了，我们也就跳出了它的作用。

我们经过头脑的投射，本来不断在强化这一生所带来的相对的知识、相对的认知、相对的肯定、相对的限制，而回头路指的是让这样的业力回转。

一个人，只要懂了这些，随时把意识落在一体，过去积累的很多想法、习气自然会想做个回转，想解散自己、消失自己。就像下面的图想表达的，通过瞬间拉长、扩大，业力的锁链自然就被扯断了。

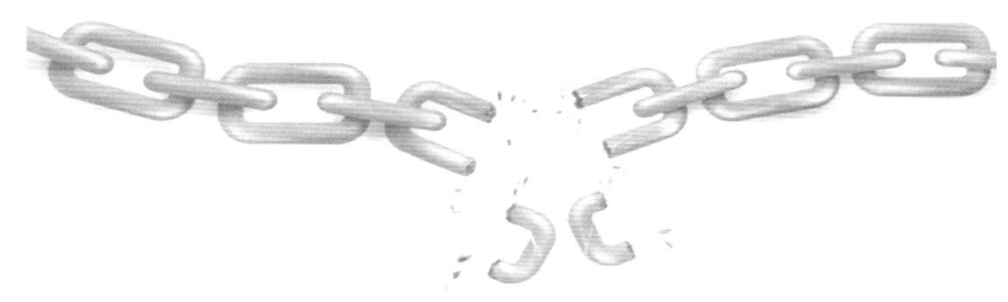

在这个短路的过程中，我们会发现各式各样积累的业障都自然浮出来，也许是经由记忆、经由感受，而不断从潜意识浮到现在。有趣的是，这些记忆或感受不见得是这一生的，而可能是多生多世的累积或别的时—空带来的。

一切的现象，我们都可以把它当作业力转变的经过。比如说，过去可能有一个创伤或恐惧造成的萎缩。这个萎缩凝固在气脉或身体，造成堵塞，而在心情或身体里造成一个伤疤。经由短路，这个部位自然会回转而浮出来，想疗愈它自己。就像鞋带的结，绑久了自然会松开。但是，有松开的现象，也就是生命的气或流想通过，自然会产生摩擦而带来症状或现象。症状，也许是念头、观念、感受、情绪上的转变。

懂了这些，我们最多是面对业力，很轻松地做一个见证者，让它扫描过去而不去理它。它怎么来，就让它来；怎么走，就让它走：不去干涉它。

如果我们不懂这个道理，而专注于现象的变化，甚至产生反弹，那最多只是强化同一个业障。就好像在火上不断添加燃料，反而让它烧得更旺。就算这些现象一次又一次地转出来，而我们只懂得继续反弹，那就永远打不开，永远留下一个结。

当然，严格讲，这个结，站在一体的角度，对我们也没有什么损失，最多只是又增加一个层面的幻觉，或在一体上多了一个影子，而让我们认为再真实不过，还会想去抵抗它。然而，在整体也没有什么损失，最多只是耽误了一些时间，让一个宝贵的机会就这么错过了。

但是，一个人假如真懂了这些，自然知道其实没有损失，也没有什么好后悔或期待的，说不定下一个瞬间又来一个现象，也就自然可以放下，让它消失。

这一来，他自然发现什么损失都没有，还可以继续轻松地往下走。

走到哪里不重要，也不需要去干涉。

这样，一个人轻松放过一切，包括这本书所讲的全部现象。只有这样，才不会带给自己无穷无尽的阻碍。

我过去常常讲，不反弹，是我们这一生唯一的选择。

任何其他的动作、现实中所看到的一切其实都是安排好的。也就是说，业力本身就是注定的现实。任何反弹，最多只是在肯定业力所带来的注定。

很多人看到这些话，可能会相当失望，甚至会认为不可能——“怎么可能？”“我这一生唯一自由的选择，竟然是不去反弹？”“最多只是让业力来、业力走？”“还要肯定一切看到的都是注定？”好像不反弹的话，我们全部的选择就窄化到一个“不反弹”的范围，而认为这不是自由，反而更像局限。

针对这一点，以后我有机会想多谈一些。但是，我在这里要表达的是，事实跟大家的想法又是刚刚好相反。

也就是说，认为眼前的业力是唯一的现实，这本身才是局限、才是限制、才是制约。也就好像我们非要把自己从无限大的整体——一体、内心、在——落在一个小小的角落，一个小到不到万亿分之一的可能。

我们非要肯定这么小的一个可能，非要把它当作我们全部的可能，同时反而把大得不可思议的可能认为是不可能。

所以，选择不去反弹，才是解开这一生最重要的一把钥匙。

选择不反弹，自然让我们进入一个更大的范围。通过不反弹，我们否定眼前这一个小的可能，知道这个小的可能完全不足以代表整体。

这自然是比我们想象的更大的自由。

我常说，一体之外没有其他的体，所以我们通过这个肉体或身心想转变或开悟是绝对不可能的。这个身心本身是我们头脑的折射，它既不可能刻意衍生出一个永恒，也不可能有什么开悟。

我们本来就有一个绝对的部分是无所不在，最多只需要把这个身心挪开，它自然就浮出来，而不是我们从身心可以找到或延伸到它。

我过去谈心流可以在世间带来什么成就，甚至用了相当多篇幅来表达，其实最多只是因为知道我们放不下世间的变化，所以经由心流想带来更深层面的希望和鼓励——我们内心有一个比外在更大的力量，不光可以带我们走这一生，还会走得特别好，比我们头脑不断刻意规划或安排的更好。

我过去也大胆提出，只有通过心流，我指的是把头脑彻底交给心，也就是让相对完全臣服于绝对，一个人才可以完成别人没有办法完成的任务，甚至可以超越世间所认为的突破，得到一个不朽的作品。

对于还在世间忙忙碌碌的朋友，或许经过我对心流的介绍可以知道人生还有机会做一个彻底的变更。而对于从人生的痛苦中走不出来的朋友，但愿这些话可以带来希望，让他在心中知道永远会有一条路，可以让他走出来。

如果我们有这种信心，自然也不会去重视有没有心流或脉轮打开与否。毕竟，在整体，这些变化本身并没有什么代表性。包括一个人的命好到什么地步，这本身还是一个头脑的区别。讲到最后，我们也不是真的有一个好命或坏命可以谈，毕竟“命”还是一个头脑的产物。

我是希望表达，这本书所谈的跟我们的生活其实有密切的关系，而且比我们想象的更直接、更贴近。一个人假如可以拥抱“全部生命系列”所传达的一切，也就是圣人所留下来的方法，可以影响的远不只这一生的点点滴滴、每一个瞬间。

也只有这个方法，才可以把过去的业力彻底一次烧过去，让它告一个段落。我用“短路”来表达的这种转变，才是我们的人生所要体会的。

然而，就连谈人这一生来体会什么，也只是一个比喻，最多也只是一个幻想。因为真实跟我们体不体会一点关系都没有，体会还是头脑运作的。然而，头脑可运作、可体会、可表达的跟一体没有一丁点儿关系。

到这里，你看会不会带来另一个层面的悖论?

我会谈这么多，就是因为这几十年来接触了无数的修行者，他们一面对这些表面上的门槛，真正可以理解甚至迈过的人是相当少的。

许多朋友即使有几十年修行的基础，到最后还是被这些现象绑住，而过不了这一关。也有朋友会认为，非要有这些身心变化，才感觉有进步，而不免对自己失望，甚至质疑这条路。还有些朋友，认为这些现象会让人长寿或达到全面的健康，以为只要有这些现象就不可能生病，不受病毒、肿瘤或其他退化的影响。

我也常常听到，有老师教导弟子，把气脉打通或圆满等同于静坐的成就，甚至会强调一个人气脉要完全打通才可以解脱。

当然，气脉打通本身是一个放松的成就，而一个人融入一体自然是完全放松，自然清楚地知道，不要说肉体，连意识都不存在，自然化回到空。所以这些放松、舒畅、意识扩大的体验，当然都会有。

但是，真正懂的人，他一点都不在意，也不觉得这些现象或体验有什么代表性。他清楚知道自己还有个肉体，是经由因果来的。即使大彻大悟，知道一切只有一体，这个身体还是要活过它自己。这也就是我过去提到的，古人所说的“随伴业”（*prarabdha karma*）。

有这个身体，人这一生来，哪个部位要退化、哪个年纪要结束都是早晚的事，临终前也可能发生很大的退化或疾病，然而这跟他个人的领悟一点都不相关。他不会去在意，也不会管自己身体健不健康、衰不衰退，也不会在这方面着手。

但是，外围的人包括弟子，看法可能不同。他们也许看到证道的人身体退化或行为达不到自己的期待，就以此来衡量他的成就。这种判断本身就是错误的观念，只是用局限的脑去投射圣人或老师应该长什么样子、有什么行为或有什么可以看到的功夫，再怎么投射也还是局限。

我觉得更可惜的是，很多修行者不光对老师有期待，对自己也一样设定一种框架，比如讲话速度会慢下来，要带着一种空或不在意、看开的味道；非要坐，甚至可能是闭起眼睛一动也不动地坐；非要双盘不可，甚至追求一坐就要几个小时或可以坚持多久。他会认为这样就代表个人的成就。

我相信，你读到这里就已经知道，这些境界或行为其实跟一体一点关系都没有，假如我们还可以用“成就”两个字来表达醒觉或短路，那么这些行为其实跟任何成就也不相关，本身还是头脑的产物，是我们人投射出来的一个境界，于是耽误了自己，甚至可能还会耽误别人。

不光如此，我们还可能会用这种标准来衡量其他人有没有成就。

这几十年来，我个人就像在荒漠里孤独地走，发现这种种的误解和迷思在世间是相当普遍的，这次才大胆跳出来，带出一个完全不同甚至颠倒的观点。带出这样的观点，最多也只是当作一个新的指南针。

但是，假如你都懂了，最后也可以把这个指南针丢掉。

它本身并没有什么代表性。

23

每一个瞬间，都可以当作一个反复的修行

从古到今，每一个生命都想追求快乐。最原始的阿米巴原虫已经能自然地向养分靠近，避开危险或不舒服。后来比较“高等”的生物，例如人类，来到这个世界也一样想追求快乐，包括爱和平静，甚至认为这是人类最深的渴望、最高的追求。

然而，颠倒的是，我们从来没有想过，就连这些让我们自然想去追求的特质，最多也只是一体跟我们接触所自然产生的。

我们会去追求这些特质，这本身已经是颠倒的。明明是我们本来就有的部分，只因为头脑的烦恼和顾虑好像把它盖住了，所以还要“找”、还要追求，甚至还有一个小我要去根除。

其实，我们每个人每天晚上在睡眠中、在无梦的深睡中都在活出这些特质，只是自己不知道。

快要睡着之前或醒来刚睁开眼时，念头还没有起伏，隐约有一个觉。觉察到什么还不清楚，最多只是觉。

其实，我们那个时候都是醒觉的。这样的片刻，对有些人可能是一秒、两秒或许更长。在这样的片刻，我们自然停留在爱、平静这些特质之上，

但只要我们起了一个念头，也就把自己带回现实，带到一个既相对又局限、样样都不可能的世界。

也因为我们随时（至少每天晚上）都体会到一体和我们交流而短路的特质，所以我们的脑虽然不断地排斥它，心的层面却又不断地肯定。

就好像心可以听懂，尽管对头脑而言是想不通的。

这可以解释，为什么你我会一次次想接触“全部生命系列”和古代圣人带来的信息，而且认为在某一个层面可以带来平静、喜乐和爱。但接下来只要用头脑去解释或表达，也就自然令这种平静、喜乐和爱消失，又回到你我自己的小世界。我才敢说，这次带出“全部生命系列”，完全是在做反复的工程。

反复，也只是回到本来的状态或家，甚至就是你我每天晚上、早上什么都没做就有的状态，只是我们被头脑遮盖不知道它，把它忘记了。

假如懂了这些，其实每个瞬间都可以变成练习。而练习，最多也只是观察，轻松做个见证者。假如我们不小心投入了，从见证者进入了所见证的画面和剧情，那最多也只需要轻轻松松地臣服或参，来提醒自己本来就未离开过一体、没有离开过绝对。

这种提醒，自然把自己带回心或一体。

所以，我才会说一切是反复的，连修行最多也只是反复地提醒，提醒自己本来就在的部分。

这么一来，全部矛盾也就消失，一个人也就自然进入短路的状态。

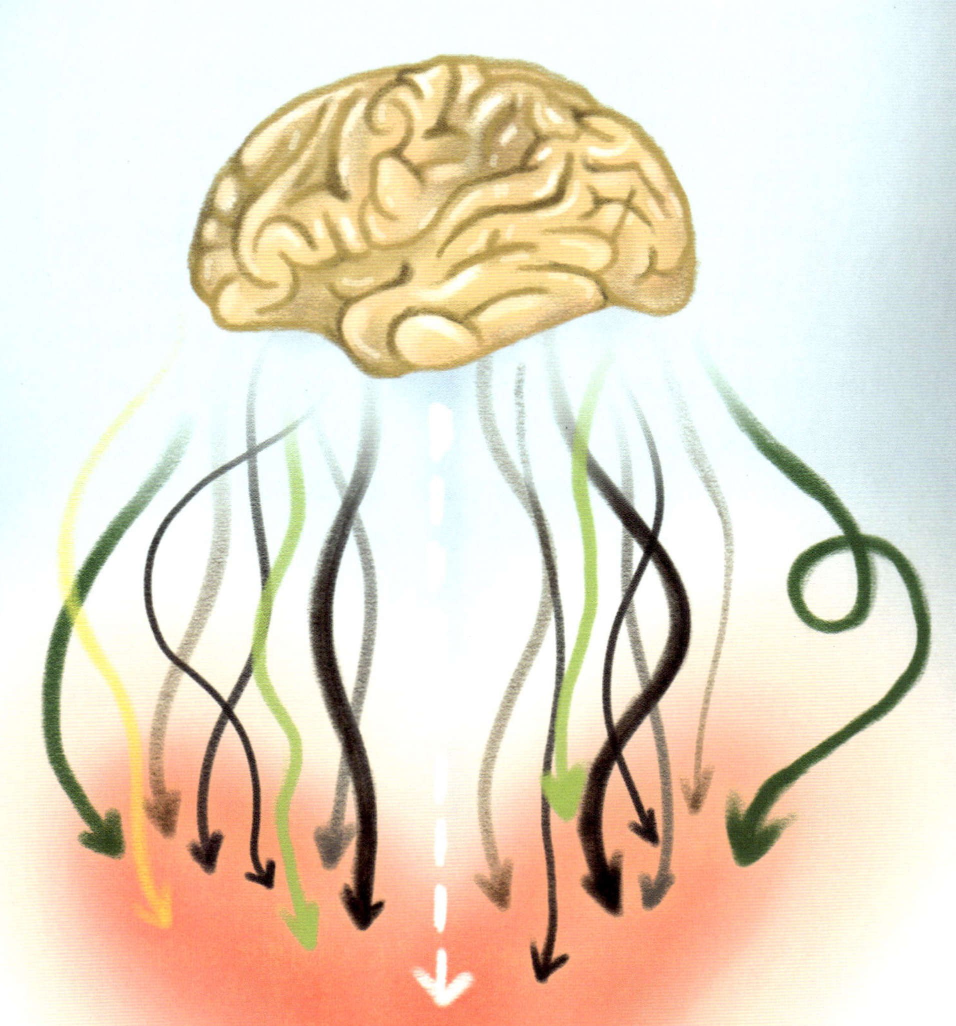

练　习

我接下来会带出几个练习的方法，帮助你从脑落到心。虽然我在过去的“全部生命系列”的作品中都谈过这些练习，但我很有把握你读到这里，而且过去也练习过的话，到现在，你的切入点、熟练度和体会会完全不一样。

首先要提醒的是，这里所谈的“练习”是我从梵文*sādhana*翻译过来的，当然也有人把它译为“修行”。然而，无论译为“练习”还是“修行”，都不足以表达它的意义，甚至连译为“灵性的练习”也不够正确。这些译法都没有译出它所蕴含的“臣服”“放过这个世界”的意思，我才会在书里直接使用梵文。

真正的*sādhana*，最多只是放过这个世界，只是在臣服。

也就是说，通过练习，我们最多是在臣服。

臣服给谁？臣服到哪里？

其实只是臣服给自己，真正的自己。

一个人彻底可以臣服，生命的短路才会出现，才会彻底把我们短路过去，让我们消去一切的观念，包括“我”。

臣服还包含另外一个领悟——不断地承认、肯定我们在这个世界可以体会到的，比如眼前的东西、跟谁的互动。一切我们可以体验到的，都是从相对延伸出来的，而相对本身是通过比较有个对立、有个摩擦，才可能产生一个世界。假如没有对立或摩擦，这个世界也不会存在，最多只有绝对的层面。

臣服，最多只是完全领悟到这些。

所以，对这个“相对”不要产生任何对立或摩擦，就好像相对怎么来就让它来，怎么走就让它走。我们不需要在上面再做一个肯定，把它扩大而再次肯定它本来不存在的存有。

这么一来，一个人跟相对不再产生任何摩擦或对立，也就自然发现相对对我们这个身心在世间不可能再产生什么作用，一个人也就不知不觉落在绝对的范围、一体、无限大的层面。

什么都没有做，最多是不让相对再产生作用，一个人也就回到一体。

也就是说——我们要练习什么？

没有什么可练习的。

真实也是练习不来的，跟练习、动并不相关。最多是把自己交出来，放过这个世界、放过自己，真实或真正的自己也就自然浮出来。

我在这里想进一步提醒的是：寄望于任何练习，一个人不可能醒觉。

真实是练习不来的，醒觉其实也不靠任何练习。任何 *sādhana* 最多是把我们带到醒觉的门口，让我们下定决心——非醒觉不可。

但最难懂的是，最后，通过练习、通过臣服，我们反而连这个醒觉的决心也都可以放过，也才不知不觉醒觉。

任何 *sādhana*，最多是让我们知道所看到的一切充其量是一个集体的、很坚实的幻觉。不光是一切的事情、现象，就连物质的世界、所有让我们觉得有一个很客观的存在的，都是幻觉。

这是我们一般人最难懂的。

练习，最多是让我们得到意识的专一。专一，自然带给我们净化，让头脑的念头减少甚至消失。

专一之后，我们自然可以体会到一切都不重要，只有醒觉才重要。

唯一的一条路是醒觉，因为醒觉就是你的本性，不需要去找，不需要去追求，甚至没办法练习，最多只是逼自己发现没有第二条路可走，而只有醒觉是非发生不可的。

到时候醒觉过来，会发现什么都没有发生，甚至还会发现所有的练习都是多余的。只是因为自己那时还不成熟，还认为有一个体、有一个“我”，才觉得有一个醒觉的练习很必要。

但坦白讲，假如前面这些话，我们虽然可能理解，却没办法彻底领悟到，那么我建议，我们还是很谦虚、老老实实地去面对每一个练习、每一个*sādhana*，从早到晚，把它活出来。

真正的 *sādhana* 不是借助静坐，也不是把注意力集中得到专一。真正的 *sādhana* 最多只是提醒你老早就知道、老早就有、本来就是你的部分，只是你我都忘记了。

这些练习随时可以做，甚至连睡觉时都可以做。假如有个练习只有少数时间或特定情况才可以做，例如非双盘不可，那么我不认为这是 *sādhana*。

这一点，可能跟你过去所听闻的又是相反的。你会发现，我这里指的 *sādhana* 又是一个领悟的成就，是把你当作老早已经醒觉过来的人，并最多只是通过练习轻轻松松再一次、再再一次在每一个瞬间给自己一个轻轻的提醒。

醒觉是不费力的，而且不是靠“我”、不是靠我们任何努力的成就，反而是生命来醒觉我们，是神圣的恩典来醒觉我们、短路我们。

我认为，这才是看待任何练习的正确观念。

接下来，我希望我们通过这里每一个练习都在重复这些理解，而让自己有个对照，看可不可以完全投入。我相信，假如你有这种领悟，那么这些练习的角色和作用会完全不一样。

最后，轻轻松松把全部观念都挪开，包括这本书所讲的全部的观念，再加上练习，轻轻松松做一个决定——我这一生，非要醒觉不可。

一　睡眠的练习

睡眠，其实是练习最好的工具。

没有梦的深睡，反而跟我们的本质比较接近，但是因为我们通常不知道、觉察不到，所以它好像自然变成了一个昏迷的状态，而让我们忽略了它本身其实含有一把重要的钥匙。

假如一个人可以觉察到无梦深睡，自然会发现过去所追求的重点完全是不正确的。我们通过静坐或其他的练习通常是想“体会”到什么、“领悟”到什么、“认知”到什么——这些，全都是错的观念。

我们不知道的是，这一切都离不开头脑的作业，离不开二元对立。

我们想要追求的其实是一个最原始、最纯的觉，而这个觉是不分别的觉。这个觉可以觉察到一切，甚至可以觉察到自己。但是，它跟我们头脑一切的作业不相关。

然而，讲不相关，其实也相关。因为在每一个瞬间、在头脑投射出来的每一个现象，它都含在里面，只是我们不知道。

我们在无梦的深睡中其实自然是醒觉的，但是我们觉察不到，也就错过了。知道了，那么睡前和刚睡醒的时候是很重要的一个门户，是我们每个人都值得投入的，可以把它变成一个最轻松也最有效的练习方法。

我们自然会发现，在睡前和刚睡醒的时候用这一篇提到的方法，是最好的克服失眠的功课。不光可以让睡眠的质量得到很大的提升，而且失眠的困扰也自然会消失。失眠本身反而带来最好的练习机会，最主要让我们体会到什么是“在”。睡醒后，我们会发现可以轻松而正向地面对一天的事情，比较容易（甚至随时）体会到一体——我们自己的本质。

晚上睡觉前，透过参来守住自己的每一个动念。

任何念头、任何感受，无论是好是坏，美与不美，正向还是带来恐惧，心中有忧郁、窝囊、烦恼、不安、失落，即使踩不了刹车，但是，事后体会到的时候，就可以参：

为谁，有这些念头？

谁心里不安？

谁不舒服？

谁有失落？

谁认为没有一个人可以理解？

谁失望甚至绝望？

谁在烦恼？

谁顾虑到明天？

谁放不下过去？

谁受伤了？

答案，当然是——我。

那，我又是谁？

用这种方式，用任何念头、任何感受来不断地问自己——

谁有这个念头？

谁有这个感受？

自然发现——是我。

那，我又是谁？

只要有念头，甚至睡到一半想喝水、上洗手间而醒来了，过去你可能会担心这是一种失眠的现象，现在你什么都不用做，可以选择轻松延续这种参的方法。问：

谁心里不安？

谁知道自己醒来？

谁在担心？

答案，当然是——我。

那，我又是谁？

通过“我又是谁”的追问，我们会发现自己停留在一个没有答案的空间，轻轻松松看着这个空当，看有没有任何念头在这个空当起伏。如果念头起伏了，马上用参去面对它。

重复再重复，这个空当会慢慢扩大。

这时候，我们好像可以体会到什么是觉，但是觉察什么并不重要。只要还有一个东西能让我们觉察的，就用参不断地回来。

假如我们在睡前做参的练习有困难，也可以轻轻松松用之前提过的I-Am（“我—在”“我—是”“我—我”）的练习不断观察呼吸，轻轻松松把“我”摆到吸气、“在”摆到吐气，而不断重复。

或者也可以不断地把念头交给自己最尊重的形象——佛性、一体。

用最诚恳的心，不断把一切交出来，交给一体。

二　“面对一天”的练习

早上一睁眼，知道自己醒来了，这时候不要急着起身，刚好可以做一个参的功课。

轻松注意到醒过来之前有一个空当——没有念头，最多只是知道醒了，但还没有任何多余的想法。

这种空当可能是一秒、两秒甚至十秒，但是接下来，我们也就自然开始注意到——这是我的床；我还躺在床上；我可以看到天花板；墙上有一个图案；昨天某某人讲话让我很不舒服；我之前被人欺负，很委屈，我很倒霉；我今天还要完成一个很重要的工作，但还没有准备好；早上要赶去哪里；我还要准备吃早餐，晚上还有应酬；我好像还没有休息够……一连串的念头就出来了，也就再一次建立这个世界。

这个世界，又重新变得再真实不过了。

这时候，我们虽然踩不了刹车，但是可以见证到这些念头是很重要的，这时可以问自己——

为谁，有这些念头？

谁有这么多丰富的感受？

谁知道自己失落、忧郁、受伤？

谁，为今天、明天、未来烦恼而不放心？

是谁啊？

这时候，谁知道自己醒来了？

答案又是我。

那，我又是谁？

一样不断地用参，让自己停留在一个空当。这个空当是觉的空当，是轻轻松松在觉，但是不知道觉察到什么，也不重视觉察到什么。

只要知道觉察到什么，那最多也只是一个念头，也就用参带回来。

这时候，一个人可能停留在清楚的觉一秒、两秒，不知不觉就把时间拉长了。但是，念头早晚还是会浮出来，这时再重复参。

这个过程可以多重复几次，不需要急着起床。

起床后要刷牙、上洗手间、吃早餐、上学或上班，都不断重复在参。

比如谁在刷牙？

谁知道自己在穿衣服？

谁知道自己在照镜子？

谁知道自己在吃早餐？

一个人自然会发现自己进入一种沉默的空当，而且最珍惜这种宁静的状态。

这样的练习，对我们在接下来的一天面对事情、世界是最好的准备，同时让你我彻底体会什么是醒觉的觉，而这个觉本身就是定——大定。

一天下来，我们还是难免会被带走，会投入眼前的人或事。但是，有了早上所建立的基础，也就发现很容易回到参的练习。甚至，参的练习变成我们一天下来最常停留的动态，而且经由这个动自然进入不动。

当然，我这里讲的动或不动，最多只是在讲念头，跟身体的动一点关系都没有。用另一种语言来表达，也就是身心在动，但是没有谁在负责这个动。

试试看，一整天下来，可不可以把每个瞬间都自然变成*sādhana*、变成练习，并随时可以把瞬间当作门户，清清楚楚知道这一切都是幻觉。通过参不断提醒自己本来就在家、就在一体，从来没有离开过，只是因为种种原因被这瞬间带走了。然后，只要知道了，也就又回到了一体。

也就这样，每个瞬间自然变成最后的 *sādhana* 或者练习。

——

跟前面的练习一样，假如进入参的练习有困难，我们也随时可以用“我—在”或臣服来着手。

一醒过来，只要自己知道有一口深呼吸，也就轻轻松松把注意力集中在呼吸。一进，一出，都清楚知道。

吸气，也观察到；吐气，也观察到。

一进，一出，都清清楚楚可以观察到。

自然发现不管它，呼吸不光慢下来，还会比较深。

吸气变深，吐气也拉长了。

但是，只是观察到，都不要去影响。

这时候，轻轻在吸气时，在心里加上一个“我”；吐气时，在心里说“在”。这就是“我—在”的练习。

一样地，我们也可以做臣服。通过臣服，把任何产生的念头交出来，交给一体、交给宇宙，知道一切都是完美的。

有没有杂念、有没有任何感受，跟完美其实一点关系都没有。因为我们老早就完美，人生也是完美的，最多是通过“我—在”或臣服来肯定一切本来是完美的，我们本来就是完美的。

我们本来就没有跟在分开过。这个事实跟眼前所有的念头和感受一点都不相关，也不会受它们影响，所以一个人最多是把种种感受、念头全部交出来。

“我—在”或臣服，跟参一样最多是一种肯定和提醒，只是让我们不断回到——本来就从未离开过我们的完美本质。

三 *Netti Netti*（不是这个，不是这个）

我们练习到这里也就自然会开始采用一个咒语：

Netti Netti（不是这个，不是这个）或是之前说的——不是这个，不是那个。

一个人从早到晚都不断提醒自己这两句话，也就自然进入了最高的真实。

这两句话最多也只是表达：我们所看到、体会到、表达出来的一切，无论多美、多深刻、多崇高……都跟真实没有什么关系。一切离不开我们的头脑，离不开对立，离不开相对、限制、制约。

所以，从这个世界想找到真实是不可能的，我们最多只能否定一切。

我指的一切，是包括我们这一生学到、看到、可以表达出来的全部，甚至包括表达不出来但可以领悟到的。

只有否定一切，否定相对、局限、制约的世界，我们真正的自己，也就是我们一生想找的一体才可以自然浮出来。它其实跟我们做什么一点都不相关，也从来没有离开过我们，但就是因为我们听不懂这些话，还不断产生质疑，所以表面上我们还要做一点事情，也就是否定一切。

假如我们选择轻松的存在，而最多只是停留在“在”，不断地“在”，每个瞬间都“在”，我们自然发现——我们想找的已经在眼前，连一个否定的练习也是多余的，一个人完全不找、不期待、不反弹，从“做”轻轻松松挪到“在”，它才会浮出来。

浮出来后，我们自然发现自己其实从来没有离开过它。

假如你把“不是这个，不是这个”练习当作你最亲密的朋友，你自然会发现，你一生想找的所有答案会从你心里自然流出，你也就轻松地进入短路。至于谁短路谁，已经不重要了。

更精确一点的表达是，已经根本不存在了。

因为没有一个东西叫一体、心，没有一个东西叫“我”“我们”“你”及世界，更不用说还有什么东西叫作“短路”。

但是，正因为你可能还是很难相信，甚至还在质疑，我最多只能劝你——还是继续练习下去吧。

四　“一切都好”的练习

一个人假如之前很认真地练习，甚至把“全部生命系列”的练习都做过，自然会发现——其实什么都不用做，一切都好，老早、本来都好。只是我们认为自己或世界还有什么地方不好或不完美，也就还需要我们去克服、去改善、去变更、去抗议或需要有意见。

懂了这些，本身就是最好的练习。

我指的是“一切都好”的练习——

It's OK. It's all OK.

There's nothing that's not OK.

OK，一切都 OK，一切都刚刚好。

没有一样东西不 OK。

从早到晚，面对任何烦恼、失落、受伤、委屈、不喜欢的人、不好的事，我们只需要提醒自己——

一切都好，一切都刚刚好，都是我刚刚好需要的。

是我需要学习的。

全部都在为我准备，让我走到这里。

所以，一切都刚刚好。

或是单纯用“Thank you”“谢谢”来表达一切——表达对生命的感恩，知道一切都是自己业力组合造出来的，没有什么东西可以计较。虽然眼前的事或接触的人让我心里不舒服，但因为有更深的理解，所以也就是在心中浮出“谢谢”。

你可以选择自己熟悉或可以接受的语言，把这句话当作自己的咒语，从早到晚都重复它。

假如习惯了，我们自然会发现，遇到再大的损失或烦恼，念头和情绪自然会踩个刹车，而让我们的心得到疗愈。接下来，再遇到任何事，甚至好事，一样会发现它的作用，会让我们体会到无常，而同时让我们消去念头，就连好事都可以放下。

好、坏分别的观念消失了，我们自然发现，全部看到、体会到、可以用语言或念头表达的都离不开头脑，所以没有一件事有绝对的重要性，甚至包括真正的存在。任何事，来了，也就走了，是经过我们的念头，才让它变得有生命可以延续，而带给我们数不完的烦恼。

肯定或感谢一切，本身已经包含臣服、奉爱和参，而最多也只是在肯定或感谢我们老早就有的层面。

我们也要记得，这种肯定完全不是投降，并不是对眼前的状况投降，并不是认为一切也就只是如此。

肯定和臣服的意思是——虽然眼前不顺，但一个人彻底可以看穿、可以领悟到有一个一体在运作，而眼前最多是一个业力的转变。

不断肯定这个真实，这个任何状况都盖不住的真实，也就是我们这里所说的肯定。

进一步说，我们并不是肯定或感谢眼前的经历、接触到的人事物。我们肯定和感谢的对象，不是别人或别的事，而是自己——真正的自己。

也就是一体、全部。

这种肯定和感谢的练习，对眼前所经历的人事物反而带来一种否定，否定一切所体验的还可能有绝对的重要性。到最后没办法否定的一切，它本身才是我们真正所肯定、感谢的一切。

也就是说，这个练习，包括全部其他的练习，最后都包含臣服和参，甚至都含着 *Netti Netti*——不是这个，不是这个。

其实，我们接不接受，对真实一点关系都没有。我们接受是如此，不接受也还是如此，对真实没有带来任何不同。但因为我们不理解真实，所以肯定或不肯定每一个瞬间，对我们自己影响很大。

如果我们不接受每一个瞬间，继续反弹，最多也只是在肯定业力，甚至是让眼前的业力不断地延伸、不断地扩大。反过来，只要我们可以接受、可以肯定每一个瞬间，让一切顺其自然，我们反而是让眼前的业力完成它自己。肯定每一个瞬间，也是代表不去干涉业力本来的运作，它自然顺势消失，而把过去积累的能量消散。

懂了这些，这种接受是一种很平静的接受，同时也带来一种否定——否定业力有任何重要性，于是眼前任何状况都可以变成一个门户，都可以看穿。

一个人假如从早到晚，甚至在睡觉前、刚睡醒都可以不断做这个练习，自然会走到一个最高的真实的门口。我过去会用英文这么表达——

No-thing in this world is real.

In this life, no-thing is real.

That which is real is nothing.

在世间，没有一样东西，一件事，是真实的。

真正真实的，什么都不是。

一个人也就自然体会到莎士比亚所说的 much ado about nothing（无事生非），或用我的白话来表达——可以做、可以讲、可以描述、可以想出来的，都是多余的。

包括这个练习和“全部生命系列”所带来的观念，都是多余的。

五　“我—我”的练习

一个人走到这里自然会发现，每一个修行的法门，甚至每一个练习都是相通的。臣服或是奉爱自然包含参，而参自然也回到臣服。在这个相对的世界，一切都是几面一体，而这个一体离不开任何层面，所以从每一个角落都自然可以回到一体。

一体什么都不用做，本来一切都圆满。圆满的意思是——最多只有一体，除了一体之外没有其他体，所以再怎么练习或修行也是做不来的；不光做不来，而且没有任何做的必要。

懂了这些，我们自然发现，“全部生命系列”所谈的 I am（“我—在”或“我—我”）也就是一个很好的提醒。

我过去都会提到“我—在”或“我—我”的练习，对一般人比较容易；也会说，假如一个人没办法参、没办法臣服，通过“我—在”或“我—我”配合呼吸，加上见证，是一般人比较容易投入的练习，并可以带来一种专注。一个人能够专注，念头自然减少甚至消失，这样比较容易再回到参的练习。

但是，你熟练了“我—在”或“我—我”的练习，也自然会发现它既适合初学，同时又有最高的真实，本身也可以说是一个最高阶的法门。绝大多数人都认为“我—我”是最容易做的练习，这本身就已经指出了这个最大的秘密。

讲得透明一点，“全部生命系列”想带来的都是反复的。一个人要醒觉，最多只是下一个决心也就醒过来了，跟任何做、练习、法门都不相关。醒过来后，自然发现什么都没有发生，而醒觉本身就是我们的本质，最多只是醒过来后，我们彻底知道而再也不会有什么质疑。

跟一般人的差别，最多是在这里。

“醒觉就是我们的本质”同时也大胆地承认我们跟一体、跟佛性其实一点都没有差别，我们就是它们。

“我—在”或“我—我”的练习，最多也是在肯定这个领悟。

通过每一个呼吸，我们不光是在肯定，还在心中坦荡荡地声明——我就是它，它就是我。

除了我——大我，宇宙的我，整体的我（是一体，也是空）——没有“其他”。

一切，都是它。只有它。没有东西不是它。

你我都是它。

这种声明，在初学的时候，会带来一种安定、专注。就像咒语的作用一样，通过重复“洗脑”落到潜意识，让这个观念变成我们的真实，而不知不觉让“我”和大我合并，跟真正的自己完全结合。

走到最后，我们自然会发现这本身也包含我们最高的领悟。通过最平常的动作，也就是呼吸，我们最多只是再带来一个轻轻松松的提醒，而经由我们的内心做一个清楚的声明。

“我—在”或“我—我”的练习也是在表达只有本体，而除了本体之外，什么体，包括客体，都不存在。

当然这只是个比喻，比较正确的表达应该是：连本体都没有、都不存在。

“我—在”或“我—我”的练习最多只是包含本体或是空的意思。本体或空什么都不需要做，甚至连“领悟到自己”都是多余的。一切老早都圆满，不可能不圆满。“我—我”最多只是声明我们的本性，也就是圆满。一个人只要诚恳地去做“我—我”的练习，力量会比天翻地覆还大。

其实，我们每一个人（我指的是真正的自己）的潜能不只能翻天覆地，而且力量远远更大，只是我们不知道。知道后，我们最多只是轻轻松松选择用“我—我”两个字来做一个不费力的提醒，再一次在心中做个声明。

有时候，事情把我们带走——带走，最多也只是让我们把注意力投入二元对立的现实，但是借助“我—我”两个字也就自然踩了一个刹车，做了一个反复而把注意力带回到我们本来就是的整体。

我们也自然发现什么都没有损失、什么都没有发生，最多只是我们又接回轨道——跟一体插对头。

就是那么简单。

接下来，我们就一起来做这个练习，活出大圣人带来的最珍贵的礼物。

每一个呼吸，我都知道。

呼吸长，呼吸短，我都可以观察到。

一进，一出，我都可以见证到。

我选择不去干涉呼吸，最多只是看着它，放过它。

看着它，再继续放过它。

再看着它，再继续放过它。

这时候，轻松地在心中配合每一次呼吸，我在心里说“我”。

吸气，在心里说“我”。

吐气，还是在心里说“我”。

通过每一口呼吸，最多只是贴着“我”。

也只是通过“我”来肯定——吸气，吐气。

接下来，吸气，吐气。

不断重复。

“我”以外，什么都没有。

假如有杂念，还是带回到“我”——从心中流出来的“我”。

做下去，自然发现吸气和吐气已经没有差别。

“我—我—我—我”也就自然把一切连起来了。

再继续练习，自然会发现是通过这个我，也就是大我，在观察一切。

眼前再怎么不顺的事、再大的灾难、多痛的失落、痛心的刺激，我都清清楚楚知道。我最多也只是通过这个我，在看一切。我清清楚楚知道，世间可以体会到的，跟真正的我、跟真正的本质一点都不相关。

一切我都可以放过。最多只是不断回到呼吸，回到我，回到心中的我。

连遇到最好的喜事、得奖、别人赞美、中大奖，我都可以放过。

我知道，全部都跟一体分不开，而我就是它。

“我—我”可能带我到哪里，我也不再追求，对我已经不重要。

最多，我只是通过每一口呼吸，通过每一个“我—我”，面对每一个瞬间。

通过“我—我”，我自然可以活出欢喜、宁静、爱、在・觉・乐。

全部的念头，也就跟着消失。

其实，还没有起伏，老早已经消失了，因为本来就不存在。

甚至连我的生命所带来的小我，也都不存在。

只是因为我过去不懂，所以还认为需要去克服它，甚至让它消失。

现在懂了，我最多只需要通过“我—我”，通过每一口呼吸把我真正的自己想起来。

也就那么简单，自然发现我老早已经“短路”了。

六　平等心

一个人假如不断地参，从早到晚甚至睡觉都在参，就知道全部可以体验的都还是幻觉，最多只是在一个很窄而有限的范围通过头脑延伸出来，知道任何眼前的东西不是这个、不是这个，都不是，并跟真实都不相关，知道一体其实在另一个轨道，那么，他自然会进入一个状态，认为一切都好，最多只剩下我们的本性。

再通过"我—我"不断地提醒自己：一切都没有离开我们的本性，除了我们的本性外没有一个东西是永恒的，其实没有一样东西或一件事情比其他的东西更重要或更不重要。这么一来，一个人把一切都看成平等。

这虽然简单，但也可以说是最难的。

在现实中，我们从早到晚可以见到的人、事、物，随时都在把我们带走，而让我们陷入一个局限的范围。

到这里，最好的一个练习也就是把这最究竟的真实活出来：从早起到晚上，见到每一个人、每一个东西都在提醒自己——其实，一切都是平等的。

本来，有些人我们是不会打招呼、不会感兴趣、不会想多问的，现在遇到了也就可以当作练习，当作一个全新的经验，试着多接触、多问，在每一个相遇中不断体会——一切，都是平等的。

也许是现在站在旁边的陌生人或一个不起眼的服务人员、打扫的同事、送货的朋友，平常虽然见到但不会打招呼、不会好奇他的生活的，现在遇到了，我们可以主动多问几句，就好像想多认识这个人一样。这带给我们一个最好的练习机会，在每一个全新的认识中不断提醒自己——一切，都是平等的。

到了中午，搭电梯遇到的人、吃饭时刚好同桌的人、买东西时结账收银的人都是一样的，我们不只带给他一个友善的笑容，还多问几句，也许是好奇对方这一刻的心情，想知道他工作会遇到怎样的人、怎样的事。我们就像第一次认识一个朋友，自然会想知道更多、想体会更多，通过这样的交会不断地提醒自己——一切，都是平等的。

下午开会，也许是从来不敢搭话的主管，也许是别的部门不怎么熟悉的同事，也许是去拜访客户时遇到的接待人员，也许是搭出租车遇到的司机，全部当作一样的，就是我们在这一天、这一刻第一次遇到的一位朋友，让我们借助眼前的这个人——他过的生活、重视的事、关心的人、这一刻的心情，不断地提醒自己——一切，都是平等的。

下班了，刚好一起走出地铁口，一同在路口等红绿灯的人，在信箱前遇到的不熟悉的邻居，散步时遇到的遛狗的人，也都一样，都可以试着多接触，就当作这一天的练习，不断地提醒自己——一切，都是平等的。

这么一来，我们可能会发现，无论在哪一个角落，没有谁是真正的陌生人，也没有谁是熟人。无论谁都是一样的，都是人，我们都可以当作平等的。每一个瞬间，我们都可以投入，没有谁比较重要或不重要。

这样，我们对别人没有区隔，不会把谁视为比较重要，而又把谁视为比较不重要。

到了周末，早晚散步时，看着眼前每一棵树、每一朵花、每一块石头，自然发现它们都是平等的，而知道差异完全是头脑投射出来的。

既然是平等的，没有一个东西比其他东西更重要或更不重要，我们自然可以把注意力停留在一块石头、一朵花、一棵树，就好像第一次见到。试试看，可不可以多注意它，看它长的样子，它有什么特色，都在心中描述出来。

随时回到这个练习，一个人自然发现，不光是事和事平等、人和人平等、东西和东西平等、好事和坏事平等，连我们一般不会拿来谈平不平等的——比如人跟东西、东西跟事情，其实也是平等的。

每一个瞬间，瞬间和瞬间中间是平等的。这么一来，没有一个瞬间比别的瞬间更重要。

这种体会，看看可不可以通过练习活出来。

一个人也就不知不觉进入大平等心，知道活这一生，没有一个命比现在这个命更好，也没有一个命比现在这个命更不好。来到这里，其实哪里都不用去，甚至没有别的地方可以去。没有一个命需要改，没有什么事情需要修正，更没有这个世界需要改变。

一个人也就轻轻松松跳出相对，而同时还活在相对。这也就是有基督信仰的朋友常说的“Being in this world, but not of this world”——活在这个世界，但又不属于这个世界。

甚至，到头来，连醒觉、不醒觉其实都一样。两个状态，甚或没有状态、各种状态都是平等的。每一个瞬间完全可以放下，可以让这个瞬间活出它自己。一个人也就这样不知不觉醒过来了，在醒的过程上也知道没有什么差异。

在每一个瞬间都没有差异，一个人自然就是醒的。

结　语

我在前面所讲的都是“短路”的现象，会有那么多现象可谈，是因为我们认为这个世界很坚实，放不过它，而且认为有一个“体”叫作小我或是小的自己。我们会认为这个小我的体有一个独立的生存（self-standing），同时也认为自己这一生全部的可能都要从这个小我活出来。所以，前面所讲的身心的变化，最多也只是从小我看这一切可能。

这也是我们一般修行的观念，认为一个人要经过很诚恳、很投入的修行，才可以得到这些转变。但我在这里要再一次提醒，这些观念，其实并不正确。

是的，确实有这些变化，而且还有其他数不完的变化。这些变化，我们每一个人都可以亲自去体验、去验证。验证了，你自然会发现，这本书所讲的不仅全部都可以重复验证，而且跟古人留下来的记录都没有不一致。

但是，我提出这些变化，主要的目的还是希望你建立自信，对“全部生命”的观念保持信心，同时知道科技再怎么发达，人能够懂的都还是有限的。我希望我们每个人可以投入全部的生命，而这种投入不是往外去寻，而是向内去沉淀。这些变化自然会活出内在的自己，不需要我们去追求。

这些现象最多也只是生命场带给我们的礼物，是你我每个人都有的。但是，假如锁定在它们身上，想要追求，希望重复，一个人自然又把俗世当作很真实的，还是一样地不断在局限自己。

一个人要有勇气，不断往内心投入，身心带来的任何变化，都把它放掉。这些变化和现象再怎么精彩，还是离不开二元对立，而一个人到最后活出全部生命的可能，其实连一个境界、一个现象都讲不出来，更可能是懒得去讲。因为这些现象跟整体不光是不成比例，其实根本不相关。

这才是我们面对生命正确的态度。

我等了那么多年才跟大家分享，也是因为不愿看大家走冤枉路，投入这些身体的变化，想要得到另一种更完美的状态、更圆满的境界。这些其实还是妄想。

但是，完全否定这本书所谈的现象，本身也一样是妄想，最多只是表达一个人的无明。

讲这些话，我的用意并不是批评谁。严格讲，只要有这个肉体，站在这个肉体的角度，每个人都是一样的，不可能脱于无明。

最完整、最彻底的短路，其实倒不是身体的转变，而是意识的转变。这一点，刚刚好又跟一般的想法颠倒。

颠倒的是，转变的出发点是——意识是永恒的，一切其他（包括任何体）都是一时的，最多只是无常。

短路或是领悟，最多只是生命的一体通过意识场和生命的螺旋场来短路我们，并在这个过程产生了诸多可谈的变化。

继续短路到最后，我们也会发现，其实没有一个体可以受到短路，无论肉体还是身心。因为它本身不存在，是幻觉。

最后，讲到短路，我们最多也只能讲是通过短路体会到真正的自己，也就不知不觉醒过来了。

插画：施智腾（Simon）

p.1，p.2，p.8，p.9，p.15，p.16，p.17，p.18（左），p.31，p.37，p.60，p.62，p.66，p.104，p.106，p.107，p.108，p.110，p.112，p.113，p.116，p.125，p.128，p.129，p.130，p.138